泰山早霞　辽伏　贝拉　2006—6—26

彩图 1　早翠绿　　　　　　彩图 2　泰山早霞

彩图 3　夏红

彩图 4　K-12

彩图 5　华瑞

彩图 6　华玉

彩图 7　华星

彩图 8　鲁丽

彩图 9　恋姬

彩图 10　秦阳

彩图 11　华硕

彩图 12　新红星

彩图 13　无锈金冠

彩图 14　米奇拉

彩图 15　北红

彩图 16　恩派

彩图 17　国庆红

紅将軍

彩图 18　红将军

彩图 19　密脆

彩图 20　秦脆

彩图 21　赛金

彩图 22　王林

彩图 23　新乔纳金

彩图 24　玉华早富

彩图 25　爱妃

彩图 26　瑞雪

彩图 27　维纳斯黄金

彩图 28　信浓甜

彩图 29　秋阳

彩图 30　烟富 6 号

彩图 31　烟富 10 号

彩图 32　秋映

彩图 33　红粉佳人

彩图 34　烟富 8 号

彩图 35　白粉病危害症状

彩图 36　褐纹病危害症状

彩图 37　苹果褐斑病危害症状

彩图 38　苹果花叶病危害症状

彩图 39　苹果腐烂病危害症状

彩图 40　苹果轮纹病危害症状

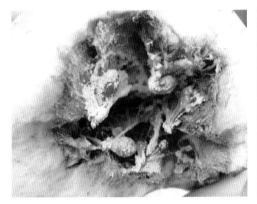
彩图 41　苹果霉心病危害症状

彩图 42　苹果炭疽叶枯病危害症状

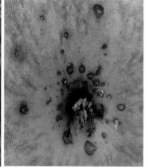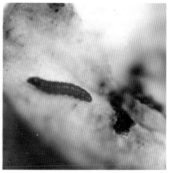

彩图 43　苹果锈病危害症状　彩图 44　苹果黑点病危害症状　彩图 45　桃小食心虫

彩图 46　梨小食心虫　　　彩图 47　苹果黄蚜　　　彩图 48　苹果棉蚜

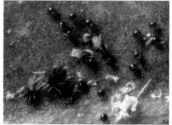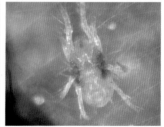

彩图 49　山楂叶螨　　　彩图 50　苹果全爪螨　　　彩图 51　二斑叶螨

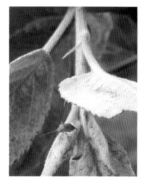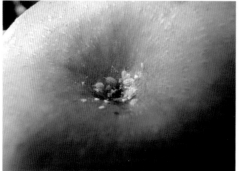

彩图 52　绿盲蝽　　　彩图 53　康氏粉蚧　　　彩图 54　金纹细蛾

河南省"四优四化"科技支撑行动计划丛书

优质苹果标准化生产技术

主编 刘利民 韩立新

中原农民出版社

·郑州·

本书编委会

主 编 刘利民 韩立新

编 者 瞿振芳 孙 昂 郝贝贝 聂 琳 曾 梅 曹依静

赵红亮 王红艳 刘振西 苏永军 张建林 焦汇民

姬延伟 王瑞林 李 娜 苏 寒 梁亚超 杨 光

勾真真 刘俊灵 李红光 户永丽

图书在版编目（CIP）数据

优质苹果标准化生产技术 / 刘利民，韩立新主编 —郑州：
中原农民出版社，2021.11

（河南省"四优四化"科技支撑行动计划丛书）

ISBN 978-7-5542-2481-6

Ⅰ．①优… Ⅱ．①刘…②韩… Ⅲ．①苹果－果树园艺－标准化
Ⅳ．①S661.1-65

中国版本图书馆CIP数据核字（2021）第220421号

优质苹果标准化生产技术

YOUZHI PINGGUO BIAOZHUNHUA SHENGCHANJISHU

出 版 人：刘宏伟
策划编辑：段敬杰
责任编辑：苏国栋
责任校对：肖攀锋
责任印制：孙 瑞
装帧设计：杨 柳

出版发行：中原农民出版社

地址：郑州市郑东新区祥盛街 27 号 邮编：450016

电话：0371—65713859（发行部） 0371—65788652（天下农书第一编辑部）

经 销：全国新华书店

印 刷：新乡市豫北印务有限公司

开 本：787mm×1092mm 1/16

印 张：9

插 页：8

字 数：156 千字

版 次：2022 年 1 月第 1 版

印 次：2022 年 1 月第 1 次印刷

定 价：50.00 元

如发现印装质量问题，影响阅读，请与印刷公司联系调换。

目录

一、苹果优良品种与砧木

苹果是蔷薇科苹果属植物，其品种约有1万种，本章主要讲的是苹果接穗优良品种和苹果砧木优良品种。

（一）苹果接穗优良品种

苹果品种非常多，约有1万种，生产上栽培的苹果品种大约有700种。

苹果品种分类方法有生态地理分类法、倍性分类法、果实成熟期分类法、用途分类法等。生态地理分类法是根据果树对环境条件的适应能力而进行分类的方法；倍性分类法是根据绝大多数苹果品种都是二倍体，少数品种为三倍体，极少数品种为四倍体进行分类的方法；果实成熟期分类法是根据苹果果实成熟期进行分类的方法；用途分类法是根据苹果果实用途，分鲜食、烹调和加工进行分类的方法。

本书苹果品种分类采用果实成熟期分类法，以果实成熟期分为早熟品种（6～7月）、中熟品种（8～9月）和晚熟品种（10月后）。

1. 早熟优良品种

1）早翠绿（彩图1） 1981年山东省果树研究所育成，亲本为辽伏 × 岱绿。

果实圆形或圆锥形，果形指数0.93，平均单果重151.3克，最大果重204克。果面光洁，果皮绿色。果肉乳白色或微带淡黄色，致密而脆，汁液多，酸甜适口。可溶性固形物含量12.6%，总糖12.6%，可滴定酸0.24%，硬度8.59千克/厘米^2。具有浓郁芳香味，品质上等。在豫东黄河故道地区7月上旬成熟。

2）泰山早霞（彩图2） 山东农业大学从苹果种子繁殖的砧木苗中选育。

果实宽圆锥形，平均单果重138.6克，最大216克，果形指数0.93。果面光洁，底色淡黄，果面着均匀鲜红彩条，极美观。果肉白色，肉质细嫩。可溶性固形物含量 12.77%，可滴定酸 0.3%。酸甜适口，品质上等。果实发育期 70 ～ 75 天，豫东黄河故道地区 6 月下旬成熟。

3）夏红（彩图 3） 日本青森县村上恒雄氏从维斯塔·贝北拉实生树中选出。

果实扁圆形，平均单果重 176 克，果点中少等，果柄中长，梗洼中深无锈，萼洼中等，果顶较平；果皮偏薄，着色鲜红；果肉黄白，细、脆、汁多；风味甜酸、口感较好，可溶性固形物含量 13.26%，可滴定酸含量 0.33%，维生素 C 含量 42 毫克 / 千克，果实货架期 7 ～ 10 天。

早果，丰产，稳产，果形端正，高桩，色泽鲜艳，成熟早，管理容易，综合性状优良，是鲜食、加工兼用型品种，具有较强的市场竞争力。

4）K-12（彩图 4） 中国农业科学院郑州果树研究所从韩国交换引进的新品系。

果实呈圆形，平均单果重 225 克，底色绿黄，全面鲜红色，果面光洁，有光泽，外观鲜艳，果点较小，果肉乳白色，肉质细、松脆、酸甜适度，风味浓，有香味，品质上等。果实 7 月初成熟，无采前落果现象，是目前早熟品种综合性状较好的新品系。

5）华瑞（彩图 5） 中国农业科学院郑州果树研究所用美八 × 华冠杂交育成的早熟苹果优良新品种。2014 年通过河南省林木良种品种审定（编号：豫 S-SV-MP-001-2014）。

果实扁圆形至近圆形，平均单果质量 208 克；果实底色绿黄，有光泽，果面着鲜红色，着色面积 70% 以上，个别果实全红。果肉乳白色，肉质细、松脆；风味酸甜适口，浓郁，有芳香，汁液多，品质上等；采收时果实去皮硬度 9.7 千克 / 厘米 ^{2}，可溶性固形物含量 13.2%，可滴定酸含量 0.29%，维生素 C 含量 4.67 毫克 / 千克。

果实发育期 100 ～ 110 天，在郑州地区 7 月下旬成熟。果实成熟早，可避开果实炭疽病和轮纹病的发病时期。在室温下可储藏 20 天，冷藏条件下可储藏 2 ～ 3 个月。适宜在嘎啦种植区栽培，可第二年或第三年见果，丰产性好。

6）华玉（彩图 6） 中国农业科学院郑州果树研究所利用藤木一号与嘎啦杂交培育而成。

果实近圆形、整齐端正，平均纵径 7.3 厘米，横径 8.1 厘米；果实较大，平均单果重 196 克。果实底色绿黄，果面着鲜红色条纹，着色面积 60% 以上。果面平滑，蜡质多，有光泽；无锈，果粉中多；果点中、稀，灰白色。果梗中短，萼片宿存。

果肉黄白色；肉质细、脆，采收时果实去皮硬度 8.8 千克 / 厘米 ^{2}；汁液多，可溶性固形物含量 13.4%，可滴定酸含量 0.29%，风味酸甜适口，风味浓郁，有轻微芳香；品质上等。在豫东黄河故道地区 7 月中旬成熟。果实在普通室温下可储藏 10 ～ 15 天。

7）华星（彩图 7） 中国农业科学院郑州果树研究所以藤牧一号为母本，嘎啦为父本选育的苹果新品种，2017 年通过河南省林木良种审定。

果实近圆形，中等大小，整齐端正，平均纵径 6.7 厘米，横径 7.6 厘米，平均单果重 164 克。果实底色黄白，果面着鲜红色，片状着色，色泽鲜艳，着色面积 70% 以上。果肉黄白色；肉质细、松脆，采收时果实去皮硬度 8.5 千克 / 厘米 ^{2}；汁液中多，可溶性固形物含量 13.4%，可滴定酸含量 0.28%，风味酸甜适口，有芳香；风味浓郁，品质上等。极丰产，7 月下旬成熟，比嘎啦早 2 周左右，风味与嘎啦相似，可与华硕、华瑞、华丹、锦绣红、富士等互为授粉树。果实在室温下可储藏 10 ～ 15 天。

8）鲁丽（彩图 8） 山东省果树研究所 2003 年以藤牧一号为父本、嘎啦为母本杂交选育而成，2017 年 2 月通过山东省林木良种审定。

果实长圆锥形，果形高桩，五棱突出，平均单果重 215 克，果形指数 0.95，果实大小整齐一致。果面全红，酷似美国蛇果，故又有"山东蛇果"的称号。果实脆甜爽口，果心小，汁液多，可溶性固形物含量 14.6% 左右，可滴定酸含量 0.3%，苹果香味足。豫东黄河故道产区 7 月 20 日成熟，高抗炭疽叶枯病。具有适应性广、抗逆性强的特点，抗落叶病、白粉病、黑实病、红点病等。

早熟广谱品种嘎啦、藤牧、七月天仙等，无论口感、外观，都无法和鲁丽相比，发展前景非常好。

9）恋姬（彩图 9） 日本品种，山东省威海市农科中心 1996 年从日本引入，拉利坦 × 富士杂交育成。

果实近圆形，平均单果重 294 克，最大单果重 400 克，果形指数 0.8。果实底色黄绿，着深红色，鲜艳，片红。果肉黄白、汁液多，可溶性固形物含量 10.76%，甜酸爽口，有香味。在豫东黄河故道地区 7 月下旬成熟，采后在自然条件下可储藏 7 天左右。

10）秦阳（彩图 10） 西北农林科技大学育成，来源于皇家嘎啦自然杂交实生苗。

果实近圆形，果形端正，平均单果重 198 克，最大单果重 245 克，果形指数 0.86。

果皮底色黄绿色，果面着红色条纹，充分成熟时全面呈鲜红色，色泽艳丽。果肉黄白色，肉质细脆有香气。可溶性固形物含量12.2%，可滴定酸含量0.38%，果肉硬度8.32千克/厘米^2。室温条件下可储藏10～15天。

2. 中熟优良品种

1）华硕（彩图11） 中国农业科学院郑州果树研究所用美八×华冠杂交培育而成，2014年通过国家林木品种审定（国S-SV-MP-017-2014）。

果实近圆形，果个大，平均单果重232克。果实底色绿黄，果面鲜红色，着色面积可达70%，有光泽。果肉绿白色，肉质中细、松脆，汁液多，可溶性固形物含量13.9%，可滴定酸含量0.32%，维生素C含量62.6毫米/千克。风味浓郁，有芳香，品质上等。该品种8月上旬成熟，在室温条件下可储藏30天左右，肉质不沙化，冷藏条件下可储藏3个月。

2）新红星（彩图12） 原产于美国的加利福尼亚州，又名红元帅，为红香蕉（元帅）的浓条红型芽变，是世界主要栽培品种之一。

果实圆锥形，果形端正，高桩，萼部五棱明显，平均单果重350克，大者可达500克以上。果肉黄白色，肉质脆，质中粗，较脆，果汁多，味甜，可溶性固形物含量14%，有浓郁芳香，品质上等。果色浓红，生长至初上色时，出现明显的断续红条纹，随后出现红色霞，充分着色后全果浓红，并有明显的紫红粗条纹，果面富有光泽，鲜艳夺目。

果实生育期145天左右，9月中旬成熟，较耐储藏，采后储藏1～2个月后为最佳食用期。

3）无锈金冠（彩图13） 金冠苹果，又名黄香蕉、黄元帅、金帅，苹果中的著名品种。1905年在美国西弗尼吉亚州克莱镇马林斯的家庭农场里发现，后来卖给Stark Nurseries。因为口感甜、颜色金黄取名为Golden Delicious（金冠）。无锈金冠系金冠芽变品种。

果形长圆锥形，果形端正，大小均匀，平均单果重206克。成熟后果皮呈金黄色，阳面带有红晕，皮薄无锈斑，有光泽；果实肉质细密，呈黄白色，肉质细密，汁液丰满，汁液较多，味深醇香，甜酸适口。果实可溶性固形物含量14.8%，可滴定酸含量0.31%，果实去皮硬度为6.8千克/厘米^2。

4）米奇拉（彩图14） 原产新西兰，早熟品种，嘎啦优系。

果实中等大，单果重170克，短圆锥形，果形端正美观。果顶有五棱，果梗细长，果皮薄，有光泽。橙红色表面和黄色底色是其最大的特点。果肉淡黄色，肉质致密、细脆，汁多，味甜微酸，香甜脆爽，十分适口。品质上乘，较耐储藏。幼树结果早，坐果率高，丰产稳产，容易管理，8月成熟。

5）北红（彩图15） 日本品种，1978年在青森县苹果试验场杂交，2003年被批准为新品种。

果实最大单果重400克。果实全面浓红色，果形扁圆，果柄短，柄洼处有锈斑。可溶性固形物含量14.2%。果肉黄白色，肉质细密，酸甜适口。常温下能存放20天左右，普通冷藏能储至12月底。10月上旬采收，成熟期不太整齐。

6）恩派（彩图16） 恩派，美国品种，系纽约州农业试验站由旭的自然授粉种子培育而成。

果实中等大小，单果重170克左右。长圆形，或扁圆形。全面暗红色，带有紫色色调，覆有一层蜡质果粉。果肉白色至乳白色，肉质脆，汁多，味酸甜。品质中上或上等。果实储藏性优于元帅。植株长势中庸，结果早，丰产。果实成熟期比元帅稍早。

7）国庆红（彩图17） 商丘市农林科学院选育的芽变品种，2016年12月23日通过河南省林木品种审定。

果实近圆形，周正，果形指数0.86。平均单果重328克，最大单果重512克。果实着色容易，底色绿黄色，初熟期果实鲜红色，成熟果实浓红色，色相片红，树冠内膛果也着色良好。果面光洁，有光泽，蜡质厚，手触有明显油腻感。

果肉黄白色，肉质松脆，果汁多，酸甜，有香气，品质上等。可溶性固形物含量15.5%，总糖含量12.4%，可滴定酸含量0.54%，维生素C含量58.8毫克/千克，去皮硬度8.6千克/厘米^2。果实成熟后在室温下可储存100天。

8）红将军（彩图18） 日本品种，1995年山东省果树研究所从日本引进，早生富士苹果的着色系芽变品种。

果实近圆形，果形指数0.86，平均单果重307.2克，最大单果重426克，果实8月上旬开始着色，9月上旬迅速着色。果面底色绿，表面鲜红，片红。可溶性固形物含量13.1%，果肉黄白色，汁多而甜。9月下旬采收，耐藏性比富士苹果略差。

生长势强，萌芽力中等，成枝力高，幼树易抽生2次枝，腋花芽多，较易形成花芽，丰产。

9）蜜脆（彩图 19） 美国品种，美国明尼苏达大学园艺系 1961 年春，以 MACOUN 品种为母本、HONEYGOLD 为父本杂交选育的苹果新品种，1989 年命名为蜜脆，获得了专利，注册了商标"HONEYCRISP"，所有权属明尼苏达大学。

果实圆锥形，果形指数 0.88，果形正，偏果极少，果个大，平均单果重 310 克。果实色泽艳丽，着鲜红色条纹，易着色，成熟后全红。果点小，密，果皮薄、光滑、有光泽、有蜡质。果肉乳白色，果心小，质地脆而不硬，汁多味厚，甜酸适口，汁液特多，香气浓郁，口感特别好，果实硬度 9.2 千克 / 厘米 ^{2}，可溶性固形物含量 15.0%，在明尼苏达大学进行的感官测试多次获质量第一。成熟期 9 月上旬，果实极耐储藏，常温下可以放 3 个月，品质不变，红色不退，普通的冷库下可以储藏 7 ~ 8 个月，而且储藏后风味更好。

10）秦脆（彩图 20） 秦脆系西北农林科技大学用长富 2 号 × 蜜脆杂交选育出的苹果新品种，2016 年 12 月通过陕西省果树品种审定委员会审定。

果实近圆形，果形端正，果形指数 0.90，平均单果重 226 克。果面洁净，着红色条纹，富士与蜜脆的杂交后代，果实性状继承了双亲的优良特性，肉质脆，汁液多，酸甜可口，可溶性固形物含量 16.0%，可滴定酸含量 0.32%，品质极优。

其早果丰产性、风味品质和抗逆性优于富士，成熟期比长富 2 号早 10 天左右。秦蜜为秦冠与蜜脆的杂交后代，萌芽率高，成枝力强，易成花，早果丰产性好，树体管理容易，抗旱，耐瘠薄，9 月下旬成熟，在不套袋条件下均能全面着色。

11）赛金（彩图 21） 青岛农业大学以亲本富士 × 特拉蒙，1995 年杂交选育的黄色苹果新品种。

果实近圆形，果形指数 0.85，单果重 196.8 克；果面光洁、黄绿色，无果锈；果肉黄白色，汁多硬脆，果实可溶性固形物含量 13.7%，果实硬度 9.3 千克 / 厘米 ^{2}，可滴定酸含量 0.35%；风味酸甜，品质上等。果实出汁率高，储藏稳定性好，褐变轻。果实发育期 135 天左右，9 月中旬成熟。赛金是鲜食及果汁加工兼用品种。

12）王林（彩图 22） 日本品种，金冠 × 印度杂交选育而成，1952 年命名，1978 年引入我国。

果实卵圆形或椭圆形，单果重约 230 克；全果黄绿色或绿黄色；果面光洁，果皮较薄；果肉乳白色，肉质细脆，汁多，风味香甜，有香气，可溶性固形物含量 13.6%，品质上等。

树势较强，树姿直立，分枝较小，萌芽率中等，成枝力强，发中长枝较多，枝条较硬。长、中、短果枝均有结果能力，以短果枝和中果枝结果较多，腋花芽也可结果，花序坐果率中等，果台枝连续结果能力较差，采前落果少，较丰产。在豫东黄河故道地区于 9 月中旬成熟。果实耐储藏。王林是一个黄色优质品种，适应性强，果实较耐储藏，适宜作富士系品种的授粉品种。

13）新乔纳金（彩图 23） 新乔纳金苹果是 1973 年日本青森县弘前市斋藤昌美发现的乔纳金枝变，1980 年发表，1981 年从日本引入。

果实圆形或圆锥形，果个大且整齐，平均单果重 236 克。果面细致光洁无锈，底色黄绿，着色鲜红或浓红，有明显浓红条纹，外观艳丽，果点小而稀疏。果皮中厚，果肉黄白或淡黄色，较致密，脆硬，果肉中粗，初采时去皮硬度 7.7 千克/厘米^2，汁液多，香气浓，可溶性固形物含量 13.3%，酸甜适度，风味浓，品质上等。新乔纳金是三倍体品种，栽培中不可作授粉树。

14）玉华早富（彩图 24） 玉华早富是从日本弘前富士中选育的中熟富士品种，2005 年 5 月通过了陕西省果树品种审定委员会审定。

果实圆形到近圆形，果形指数 0.88，单果重 310 克，果皮薄韧有蜡质，底色黄绿或淡黄，着条纹状，鲜红色；果面光洁，果肉黄白色，肉质致密细脆，果汁多，有香味；果心小，种子褐色卵圆形；采收时果实硬度 8.7 千克/厘米^2，可溶性固形物含量 14.7%，总糖含量 12.9%，可滴定酸含量 0.36%，维生素 C 含量 65 毫克/千克，品质上等。

除沿袭了富士的风味外，还具有果面干净、优果率高等特点。

15）爱妃（彩图 25） 新西兰苹果品种，是由皇家嘎啦（Royal Gala）和布瑞本（Braeburn）杂交选育而成的优良苹果品种。

果实近圆形，着红色或暗红色条纹。果肉致密，硬度大，脆酸甜适口，多汁。储藏后可溶性固形物含量可达 16.5%，品质极佳。爱妃继承了皇家嘎啦的甜脆和布瑞本肉白、脆嫩、多汁的优良性状。果皮红艳动人，苹果切开后放于空气中，长时间都不会氧化变黄。

树势稳健，树姿较开张，干性中强，易成花，连续结果能力强，丰产。10 月中下旬成熟。授粉树为蜜脆、富士、嘎啦。

3. 晚熟优良品种

1）瑞雪（彩图 26） 西北农林科技大学培育的新苹果品种，由秦富 1 号 × 粉红女士做亲本杂交选育。

果形端正，果面光洁，无棱，高桩，果实底色黄绿，阳面偶有少量红晕，果点小，中多，白色，果面洁净，无果锈，外观极好，明显优于金冠、王林。果实肉质细脆，多汁，果肉近白色，有特殊香气，平均单果重 296 克，果实硬度 8.84 千克／厘米^2，可滴定酸含量 0.30%，可溶性固形物含量达 16.0%。

品质佳，耐储藏，具短枝特性，早果、丰产性强，综合性状优于传统黄色品种金冠和王林。

2）维纳斯黄金（彩图 27） 日本前岩手大学农学部教授横田清氏用金帅自然杂交种子播种选育的品种，国际注册名称"HARLIKAR"。

果实金黄色、长圆形，平均单果重 247 克，外观匀称周正，果形指数 0.94。果顶与金帅相似，呈平滑状，部分果顶有明显的五棱或六棱凸起。果肉黄白色，口感脆爽，有浓郁的特殊清新芳香味，果实硬度 7.6 千克／厘米^2，可溶性固形物含量 15.06%，比金帅更好吃，更耐储运。

该品种成枝力、萌芽力均强，易成花。3 月中旬萌芽，初花期为 4 月初，盛花期为 4 月 7 号，4 月 10 号进入谢花期。5 月果实进入快速膨大期，10 月下旬至 11 月上中旬果实成熟。果实采收期与富士基本相同，既可作为主栽品种发展，又可作为烟富 8 授粉品种搭配栽植。

3）信浓甜（彩图 28） 日本品种，1978 年长野县果树试验场富士和津轻杂交选育，1996 年登记。

单果重 310 克，圆形。果面浓红，有条纹。多汁，甜度高，香味浓，酸甜适口。10 月中旬成熟。

4）秋阳（彩图 29） 日本山形县农业发展研究中心的农业生产技术研究所用阳光 × 千秋杂交选育，2006 年登记。

果面浓红色，酸甜适口，脆而多汁。单果重 350 克。9 月下旬至 10 月上旬成熟。为日本大力发展的品种。

5）烟富 6 号（彩图 30） 烟台市果树工作站 1995 年从惠民短枝富士中选出的芽变优系，2007 年通过山东省林木良种审定。

果实圆形至近长圆形，果形端正，果实大小均匀，果形指数 0.90，果实大，平均单果重 253 克。硬度 9.8 千克／厘米^2，品质上等。果实易着色，色浓红，全红果比例 86%，着色指数 95.6%。果皮较厚，果面光洁。果肉淡黄色，致密硬脆，汁多，味甜，可溶性固形物含量 15.2%。

6）烟富 10（彩图 31）　烟台市果树工作站 2005 年从烟富 3 中芽变选育，2012 年通过山东省农作物品种审定委员会审定。

果实长圆形，高桩端正；果个大，单果重 300 克以上；果实着色全面浓红，色相片红，果面洁净，色泽艳丽，商品果率高，果肉淡黄色，肉质致密、细脆；汁液丰富。

树冠中大，树势中庸偏旺，干性较强，枝条粗壮，树姿半开张。叶片中大，叶面平展，叶披茸毛较少，花蕾粉红色，盛开后花瓣白色，花粉中多。对轮纹病抗性较差，比较抗炭疽病、早期落叶病。

7）秋映（彩图 32）　日本长野县中野市的小田切健男先生选育，为千秋 × 津轻杂交种，1993 年登记。

果形圆形，单果重 300 克，果皮呈暗红色。在高海拔充分着色后甚至呈黑红色，可溶性固形物含量 14.3%，香味浓，多汁，酸甜适口。9 月中旬到下旬成熟，有锈。

8）粉红佳人（彩图 33）　又名粉红女士，澳大利亚西澳州农业部通威尔研究所用金冠与佳人威廉姆（Lady Williams）杂交育成的品种。

果实圆柱形，平均单果重 162 克，最大果重 235 克。果形端正，无偏斜现象，果形指数 0.94；果皮光滑细腻，无锈光亮，成熟后果面呈粉红色或鲜红色；果点小而密，萼洼深。果肉黄白色，硬度大，肉质脆，可溶性固形物含量 13.2%。成熟时甜度小，酸度较大，常温下放置 3 ~ 4 个月酸度逐渐降低，风味酸甜适口，香气浓郁。

粉红佳人的萌芽期和花期与当地栽植的红富士和嘎啦苹果基本一致，在豫东黄河故道 3 月下旬萌芽，4 月中旬开花，花期 7 ~ 10 天。果实成熟期比红富士晚 10 天，一般 11 月上旬采收。11 月下旬至 12 月上旬开始落叶。

9）烟富 8（神富一号）

（1）品种选育及审定　烟富 8（神富一号）是烟台现代果业科学研究院从烟富 3 芽变品种中，经过多年反复嫁接选育出来的优良品种。其综合性状表现极佳，2010 年国家注册商标“神富一号”，2012 年通过专家鉴定，2013 年通过山东省农作物品种审定委员会审定，将其正式定名为“烟富 8”。2017 年获得国家新品种登记证书，2018 年获国家植物品种权证书。

（2）品种特性

①品种优良经济性状：

👉 烟富8（神富一号）上色快　该品种不用铺反光膜，省工、省钱、环保，利用散射光也能上满色，摘袋后4～5天果实全红，如图1-1、图1-2所示。

图1-1　烟富8摘袋第二天　　　　　　图1-2　烟富8摘袋第四天

较烟富3相比，开始着色到着满色的时间早5天左右。

👉 烟富8（神富一号）着色好　色泽鲜艳，内膛果和果萼洼处都能达到全红（图1-3）。丁文展等研究表明（丁文展、原永兵等，2015），从烟富8果皮中克隆得到UVR8光受体基因，而UVR8是感应紫外光UV-B（280～315nm）的光受体，参与苹果对紫外光UV-B（280～315nm）的感知，而紫外光UV-B（280～315nm）能明显促进苹果果皮花青苷合成关键酶基因的表达而促进苹果着色。

图1-3　着色好

👉 烟富8（神富一号）表光好　着色好，摘袋上色后，即使在树上十多天不采摘，色泽依然不老，长时间保持艳丽，果皮不皱缩。与烟富 3 相比，果实星点小、晚采摘色泽依然鲜艳。

☞ **烟富 8（神富一号）品质好** 高桩大形果、果形端正，黄肉脆甜，耐储藏。根据农业部果品及苗木质量监督检验测试中心（烟台）2012 年测试，果品硬度 8.9 千克 / 厘米^2，可溶性固形物含量 15.36%，可滴定酸含量 0.15%，维生素 C 含量 10.3 毫克 / 千克。

②植物学特征：树冠中大，树势中庸偏旺，干性较强，枝条粗壮，树姿半开张。多年生枝赤褐色，皮孔中小，较密，圆形，凸起，白色。叶片中大，平均叶宽 5.3 厘米，长 7.8 厘米，多为椭圆形，叶片色泽浓绿，叶面平展，叶披茸毛较少，叶缘锯齿较钝，托叶小，叶柄长 2.3 厘米，花蕾粉红色，盛开后花瓣白色，花冠直径 3.1 厘米，花粉中多。

③生物学特性：

☞ **物候期** 在牟平地区 3 月底至 4 月初萌芽，初花期 4 月 27 至 5 月 1 日，盛花期 5 月 2 ～ 7 日，花期为 7 ～ 9 天。4 月下旬至 6 月上旬为春梢迅速生长期，6 月下旬生长减缓，7 月上旬至 8 月下旬为秋梢生长高峰。10 月下旬果实成熟，果实生育期 170 ～ 180 天，开始着色与上满色时间比烟富 3 早 5 天，11 月中旬落叶。

☞ **生长结果习性** 幼树长势较旺，萌芽率高，成枝力较强，成龄树树势中庸，新梢中短截后分生 4 ～ 6 个侧枝。经调查盛果期树枝类组成：长枝占 3.2%，中枝占 30.5%，短枝占 29.8%，叶丛枝占 36.5%。以短果枝结果为主，有腋花芽结果的习性，易成花结果。果个大，丰产性好。对授粉品种无严格选择性，异花授粉坐果率高，花序坐果率可达 80% 以上。果台枝的抽生能力和连续结果能力较强，可连续结果 2 年的占 45.7%，大小年结果现象轻。

☞ **果实性状** 果实长圆形（图 1-4），果形指数 0.89 ～ 0.91，高桩；果个大，平均单果重在 308 ～ 316 克。果实着色全面艳红，色相片红。果面光滑，果点稀小，套袋果脱袋后上色特别快，开始着色与上满色时间比烟富 3 早 5 天，且长时间保持艳丽，烟富 3 色泽相对易变老，影响外观质量。果肉淡黄色，肉质致密、细脆，平均硬度 9.2 千克 / 厘米^2，略高于对照品种。汁液丰富，可溶性固形物含量 14.2% ～ 14.8%，10 月下旬果实成熟。

图 1-4 果实形状比较

👉 **早果丰产性** 烟富 8 以短果枝结果为主，易成花，新植园 2～3 年即进入初果期，5～6 年进入盛果期，烟富 8 果个比烟富 3 略大，丰产性与烟富 3 相差不大。

👉 **适应性和抗逆性** 在适应性和抗逆性方面，烟富 8 对气候、土壤的适应性强，适栽区广，在烟台各县、市、区生长和结果均表现良好，优质丰产，果实着色好，果面洁净，色泽艳丽，商品果率高，很少有生理落果和采前落果。和富士系列其他品种一样对轮纹病抗性较差，比较抗炭疽病、早期落叶病。

（二）苹果砧木优良品种

砧木是指嫁接繁殖时承受接穗的植株。砧木可以使嫁接树的树体长得高大，也可以使树体长得矮小，同一品种嫁接在不同砧木上，树高和树冠体积会相差数倍，并且对苹果树的开始结果时期、坐果率、产量、果实成熟期、色泽、品质以及储藏能力等都有一定影响。

按照苗木的繁殖方式，生产上常用的苹果砧木可以分为 3 类：有性繁殖实生砧木、无性繁殖砧木和无融合繁殖实生砧木。根据利用方式不同，把连同根系用作砧木的，称自根砧木；只用一段条嵌在基砧与接穗之间的称中间砧木；能够使接穗长成 5 米左右高大树冠的砧木称乔化砧木；使树冠长得比乔化砧树冠小 1/3 的砧木称半矮化砧木；使树冠长得仅为乔化砧树冠1/2的称矮化砧；对不良环境条件或某些病虫害具有良好适应能力或抵抗能力的砧木，称抗性砧木。

优良砧木具以下特点：嫁接亲和性好，苗木寿命长；根系发育良好，吸收水肥能力强，产量和质量高；抗逆性强，尤其是抗根际病虫害；栽培管理简单，生长势强；容易繁殖，可以在短时间内得到大量材料供嫁接使用；便于嫁接操作等。

1. 有性繁殖实生砧木　有性繁殖实生砧木（简称"实生砧"）多为苹果栽培品种的野生近缘种，采用种子繁殖。种子来源于有性繁殖过程，具有繁殖容易、适应性强、种源丰富等特点。但苗木类型杂，群体变异大，整齐度差，对嫁接苗木、建成果园的整齐度、果品的商品性均有影响。有性生殖实生砧木资源类型繁多，生产中常用的有八棱海棠、楸子、山定子和新疆野苹果等。

1）八棱海棠　主要类型有河北怀来的八棱海棠等。果实多数脱萼，根深，抗旱，耐盐碱，耐瘠薄，但不耐涝，个别类型白粉病较重。

2）楸子　又名海棠果，主要类型有山东崂山奈子、烟台沙果、陕西富平楸子、吉林黄海棠等。萼片宿存，萼洼隆起，萼片肥厚，是其区别于扁棱海棠的主要特点。

3）山定子　原产东北的山定子抗寒性极强，侧根发达。嫁接苹果亲和性好，结果早，产量高，较耐瘠薄，但不耐盐碱，抗旱性差。喜沙质壤土，在黏重土壤中表现较差。

4）新疆野苹果　类型繁多，有红果子、黄果子、绿果子、白果子等类型，差异较大。苗期生长较壮，抗寒力中等，抗旱力强，陕西、甘肃、新疆等地应用较多。

由于实生砧木多为栽培品种的野生近缘种，与一些栽培品种能够杂交授粉，有性繁殖形成的种子纯度受到周边栽培品种的影响，生产上应避开与栽培品种距离较近的母树上采种，尽量到与栽培品种隔离较远、野生群体较大的母树上采种，以保证种子的纯度，提高苗木的整齐度。

生产上常用的怀来海棠实际上为河北怀来当地的八棱海棠、冷磤子、热磤子、平顶海棠等类型的统称，在当地作为栽培树种，并无野生群体存在。八棱海棠为山定子和海棠果的杂种后代，由于其本身的杂合性以及多种类型的存在，使得怀来海棠实生后代广泛分离，变异较大。

2. 无性繁殖砧木　无性繁殖砧木又称营养系砧木，是利用母株的枝、根、芽等营养器官，通过扦插、压条、分株、组织培养等无性繁殖的方式培育苗木。无性繁殖砧木可以保持母本的遗传性状，整齐一致，根系为茎源根系，没有主根，分布较浅。国内外常用的无性生殖砧木有以下几种类型。

1）M9　原名黄梅兹乐园或黄梅兹，英国东茂林试验站1912年育成的砧木，矮化性极好，是正常树体的50%。以M9为砧木嫁接的苹果植株矮小，结果早，易早期丰产，耐盐碱、较耐湿。但是其根系分布较浅、固地性差，不抗旱，抗寒性差，繁殖率较低。

为改进M9矮化砧木在生产中的不足，许多国家的科研单位都以M9为种源基础，进行优良砧木的选育，现已选育出了一系列新的M9矮化砧木，其中最为常见的是M9-T337、M9-Nic29（RN29）、M9 Pajam等。

（1）M9-T337　M9-T337是荷兰木本植物苗圃检测服务中心从M9选出来的脱毒矮化砧木优系，是目前世界各国应用最成功、最广泛的脱毒矮化砧木。

M9-T337（图1-5）树姿直立，树势强。主干黄褐色，皮孔大而密，圆形或椭圆形，黄色。枝条粗壮，基部稍向一侧弯曲，枝条红色至银白色，稍有茸毛，在芽节两侧有小瘤状凸起，皮孔较小，黄色，圆形，稀疏。叶片卵圆至椭圆形，叶色浓绿，平展，叶缘锐锯齿，先端尖锐。M9-T337具有结果早、适应性广、主干性强、易成花、结果整齐、丰产性好等特点，特别适宜发展高密度高纺锤树形。其毛细根发达，定植成活率极高，长势稳定，树体健壮且易成花，嫁接亲和性好，适用品种范围广泛。

图1-5　M9-T337

M9-T337抗寒性一般，适合年均气温10℃以上地区栽培。M9-T337较强的抗抽条性显著优于 M26。M9-T337 砧木有较好的耐盐碱能力，在土质盐碱地区，只要有较好的灌溉条件，可以选择该砧木嫁接品种栽培。另外，由于根系较浅，M9-T337 固地性表现不佳；质地较脆，易折断，栽培时需要配套的支撑系统。

（2）M9-Nic29　又名 RN29、Nc29，是比利时苗木公司从 M9 中选育出的优系，属于 M9 系列中较为活跃的一种。其生长势旺，压条繁殖更易生根，易产生侧枝，繁殖率更高。同时由于根系良好，培育的大苗树体主干更加粗壮。成龄树大小接近 M26 砧木的树体大小，长势略强于 M9-T337，但同时继承了 M9 的早果和丰产性。

M9-Nic29（图 1-6）矮化效果为正常树体的 70% ~ 75%，建议嫁接长势较弱的品种，如蜜脆、短枝富士、嘎啦等。该砧木比其他苹果砧木更能抵抗冠腐病，但易感火疫病。M9-Nic29 砧木在生根和移栽方面的优良表现使得它正在成为较受欢迎的苹果矮化砧木之一。

图 1-6　M9-Nic29

（3）M9-Pajam　法国在 1981 年从 M9 中通过芽变选育出来的脱毒矮化砧木优系，包括 M9-Pajam 1（lancep）和 M9-Pajam 2（cepiland）两个基因型。目前，西欧发达国家正在积极推广使用。

M9-Pajam（图 1-7）新梢较细，发芽和落叶期提前，用作砧木可以克服春季品种发芽早、砧木树液流动晚造成的物候期不一致而引起的抽条问题，并且能够增强树体的越冬性。矮化效果好于 M9，与各品种嫁接愈合好，易繁殖，须根发达，苗木易形成侧枝，适应性良好，具有较好的苗圃性状，易压条繁殖，嫁接亲和性好，产苗量

图1-7 M9-Pajam

比M9增加2～3倍。M9-Pajam 1活力偏弱，生长量与M9-T337类似，可比正常树体降低10%～15%；M9-Pajam 2活力偏旺，生长量与M9-EMLA相似。两个基因型的砧木增产明显，均大于10%。

2）M26 英国东茂林试验站用 M13×M9 育成。砧苗生长粗壮，一年生枝紫褐色，叶片质地厚。根系比较发达，压条易生根，嫁接树早果丰产性较强，是目前中国应用最多的矮化砧，多用作中间砧。M26（图1-8）易产生树干凸瘤，作为自根砧从土壤中吸收钙的能力差。易感火疫病和苹果绵蚜。

图1-8 M26

3）M116 英国东茂林试验站 2001 年育成，亲本为 MM106×M27。M116 长势略差于 MM106，明显强于 M26（接穗生长势为 MM106 ∶ M116 ∶ M26=100 ∶ 95 ∶ 65）。与 MM106 相比，M116 在英国表现为高抗茎腐病、苹果绵蚜以及再植病，抗白粉病；在新西兰表现为高抗茎腐病，在新西兰的土壤条件下 M116 抗再植病水平和 MM106 相似。M116 与多数苹果品种嫁接亲和、耐严寒、耐高温、耐旱，产量高于 MM106。

4）MM106 20 世纪 20 年代，由东茂林试验站与约翰英斯（John Innes）园艺研究所合作，用 M 系和抗绵蚜苹果品种君袖（Spy）杂交获得的 15 个抗绵蚜无性系之一。属于 MM（Malling-Merton）系砧木。MM106（图 1-9）砧木主干黄褐色，皮孔大、密，扁圆形，黄色；苗木枝条粗壮、直立，具有茸毛，节间显著膨大，皮孔中大、中密，椭圆形，黄色；叶片大，卵圆形，叶色浓绿，叶面平展，叶缘锐锯齿，先端锐尖，上表面光滑，托叶大，易识别。

图 1-9　MM106

MM106 植株生长旺盛，枝条粗壮。压条生根良好，繁殖率高，根系发达，硬枝扦插成活率高，比 M9 土壤适应性强。MM106 较抗干旱和耐瘠薄，也较抗寒，根系能忍受短期 -17.8℃ 低温，抗苹果绵蚜，较抗病毒病，但易感白粉病。MM106 对颈腐病的抗性因地而异，利用铜制剂涂干能够很好地抵抗颈腐病。

MM106 作为半矮化砧木，固地性较强，早期不需要格架系统支持。MM106 常被作为中间砧木使用，与普通实生砧木嫁接亲和力强，繁殖系数高。嫁接短枝型品种，三年生开花株率达 90%，果实可溶性固形物含量也有一定提高。植株产量介于 M9 和 M7 嫁接树之间。

5）B9　又名 Bud 9。苏联米丘林园艺大学通过 M8 × Red Standard 杂交选育出作为耐严酷冬寒砧木而推广的矮化砧木。干性弱，树姿开张。老干红褐色，有突起。皮孔圆形，较密。新梢紫红色，皮孔圆形，白色，较大，中密。芽体三角形，饱满，尖锐。叶卵圆形，叶片较大，紫红色。叶基圆形，先端渐尖或急尖，叶缘锯齿钝，裂刻中深。嫩叶红色、被白色茸毛，是其明显特征。叶面平展，个别微微上卷。

B9 树势较弱，压条繁育时有较强的生根能力，但砧木干性差，幼苗不立支柱极易倒伏，固地性差。矮化性略小于 M9，比正常树体低 20% ~ 30%。B9 对颈腐病有一定的抗性，对白粉病和苹果黑星病具有中等抵抗力。最大特点是抗寒、抗霜冻，能耐 -40℃ 的极端低温。

B9 能与大多数品种嫁接亲和，嫁接苹果后树体矮小，树冠相当于乔化砧木的 45% 左右。嫁接红富士，可溶性固形物含量较高，着色较好，唯果形指数略低，果面略粗糙。具有较强的早花早果习性，树体有一定的抗冻、抗抽条性能，适宜在冬季寒冷地区应用。该砧木段较松脆，在栽培中应注意防折损。为提高果形指数，可在花期及幼果期应用果形素。对于果面粗糙，可用套袋解决。

6）G 系砧木　G 系砧木由美国 GENEVA 试验站和美国康乃尔大学联合选育，育种目标集中在生产能力、抗寒性、抗病虫能力（主要是火疫病和重茬病）等方面。该系列砧木的主要特点是高产、抗病、抗重茬，这也是近十几年来世界苹果矮化砧木的最突出成就。目前已经向市场投放 6 个砧木基因型，即 G16、G202、G30、G41、G935 和 G11，现在这些矮化砧木在北京、山东应用范围逐步增加，并已推广到黄土高原区域。下面重点介绍 G 系砧木中的 3 个矮化基因型。

（1）G935　G935（图 1-10）是美国康奈尔大学在 1976 年通过 Ottawa 3 × Robusta 5 杂交选育而来。G935 矮化效果达 45% ~ 55%，介于 M9 和 M26 之间，矮化效果与 M7 相似，但是比 M7 更早熟、更有效。在金冠上的试验表明，9% 的树型比 M9 大，12% 的树型比 M26 小。G935 砧木嫁接品种后分枝角度更大，果树早熟、高产、耐寒，抗白粉病、火疫病和颈腐病，但易感苹果绵蚜。

图 1-10　G935

（2）G41　G41 是美国康奈尔大学通过 M27 × Robusta 5 杂交选育而来。属于全矮化砧木，矮化效果与 M9-T337 相似，被认为是较好的矮化砧木品种之一。该砧木对苹果绵蚜、火疫病和疫霉病有很高的抗性，根系有一定的抗寒能力，抗重茬能力较强。

（3）G16　G16 是美国康奈尔大学在 1981 年通过 Ottawa 3 × Malus Floribunda 杂交选育而来。和 G 系列的其他砧木一样，它能抵抗颈腐病，对苹果黑星病有一定的免疫力，有很强的抗重茬性，易感苹果绵蚜和白粉病。但是，G16 砧木对苹果潜隐病毒非常敏感，仅适用于某些特定的砧穗组合。用 G16 做砧木嫁接的苹果树，第四年的高度比 M9-T337 作砧木的树高约 14%，比 M26 矮 8%，其矮化性介于 M9 和 M26 之间。

7）圆叶海棠　原产日本，乔化砧木扦，插易生根。根系发达，须根多，无明显主根。可采用硬枝扦插繁殖，成活率 90% 以上，春季扦插，秋季嫁接率 95%。枝条成熟度好，在极端低温 -19℃ 持续 1 周的情况下，一年生秋梢无冻害。在 6 ~ 7月连续 2 个月无雨干旱情况下，叶片没卷曲、灼焦等不耐旱现象发生。喜偏酸土壤，在 pH7.5 黏重土壤上，对扦插成活率有较大影响，但对栽植有根苗不敏感，生长良好。抗斑点落叶病、白粉病性强于八棱海棠，但易遭受刺吸性害虫危害。与常用矮化砧 M26、M9 及品种长富 2 号、嘎啦等嫁接亲和性好，长势健壮，整齐度高。萌蘖比八棱海棠多。利用圆叶海棠扦插苗作为基砧嫁接矮化中间砧，可以提高苗木的整齐度。

8）SH系　山西省果树研究所以国光×河南海棠育成。嫁接品种抗逆性强，果实着色好，风味浓郁，可溶性固形物含量高，萌芽开花期晚，新梢停长、落叶期早；在干旱条件下，气孔阻力大、蒸腾强度小。其中，SH1、SH6、H38、H40等在生产中应用较多，在豫东黄河故道产区苗期有黄化现象。

9）GM256　吉林省农业科学院果树研究所以M9×黄海棠育成。新梢停止生长早，充实。春季无抽条现象，萌芽后生长健壮。抗寒力强，具有早实、丰产等特点。

10）中砧一号　中国农业大学韩振海教授从小金海棠中选出。半矮化，铁高效利用型营养系砧木。在石灰母质土壤地区用作苹果自根砧，可有效避免缺铁黄化现象的发生。

11）烟砧一号　烟台市农业科学院从鸡冠自然杂交实生苗中选出的抗轮纹病砧木。以其作中间砧的富士枝干和果实的苹果轮纹病的发病率比没有嫁接抗病中间砧的对照降低59.3%和12.77%。与基砧八棱海棠、平邑甜茶和富士系品种亲和性良好。

3. 无融合繁殖实生砧木　无融合繁殖实生砧木又称实生无性系砧木。无融合繁殖是指植物不经过受精等有性过程，仅由母体自身即可产生种子，其特点是用该种子繁殖的苗木与母本基因型一致，生长整齐一致，不发生分离，或分离较轻。

无融合繁殖植物繁殖后代的过程，是通过种子进行的无性繁殖，是一个"克隆"母本的过程。无融合生殖植物所具有的特殊性，使其在苹果砧木育种中具有特殊的利用价值。与现行苹果栽培应用的有性种子繁殖的实生砧和无性系矮砧相比，无融合生殖实生砧木具有许多优点：一是虽然用种子繁殖，但后代整齐一致；二是用种子繁殖，方便容易，与扦插、压条等繁殖方式相比，繁殖系数高，效率高，根系强壮，因而立地性好，适应性强；三是用种子繁殖，一般不带病毒，适应现代苹果无毒栽培的发展趋势，适合于嫁接脱毒接穗品种，由于对病毒敏感，作为砧木可以在一定程度上控制病毒的扩散。

1）无融合繁殖实生砧木的种类　具有无融合生殖现象的苹果属植物有湖北海棠、三叶海棠、锡金海棠、丽江山定子、扁果海棠、变叶海棠、沙金海棠、小金海棠、披针叶海棠、花冠海棠等10个种。其中，作为苹果砧木应用较多的类型有湖北海棠中的平邑甜茶、小金海棠、青砧一号、青砧二号，锡金海棠中的德钦海棠、丽江山定子中的林芝山定子等，本书只介绍平邑甜茶、小金海棠、青砧一号和青砧二号。苹果属植物的无融合生殖现象多为兼性无融合生殖，即可以通过有性生殖生成部分种子。

（1）平邑甜茶　产于山东省平邑、蒙阴。幼苗叶色浓绿，嫩叶紫色，须根量中等。一年生苗枝条灰褐色，有柔毛。抗涝性极强，抗旱性稍差，抗白粉病，有一定的耐重茬能力。无融合生殖率高，一般在90%以上。实生苗群体整齐一致，嫁接苹果亲和力强，成苗率高，结合部位愈合良好，上下粗细一致，乔化。平邑甜茶实生苗的苗木高度、苗木直径比怀来海棠实生苗变异系数小，整齐度好。

（2）小金海棠　产于四川省小金、理县一带。成年树叶片有裂刻，无融合生殖率一般在80%左右。幼苗叶片一致，根系发达，侧根须根较多。嫁接富士、嘎啦、乔纳金等品种亲和力强。

（3）青砧一号　青岛市农业科学院1999年以平邑甜茶为母本，柱形苹果株系CO为父本杂交育成。树形柱形。无融合生殖率高，无融合生殖坐果率97.0%左右。种子千粒重23.5克，层积时间为45天。嫁接烟富6早果性强，三年生树结果株率90%，四年生树亩产量1 366.1千克。

（4）青砧二号　青岛市农业科学院1996年用7射线处理平邑甜茶层积后种子，获得的辐射诱变矮生突变体。无融合生殖率高，无融合生殖坐果率88.9%左右。种子千粒重8.0克，层积时间为40天。嫁接烟富6号六年生树单株产量33.5千克，亩产量3 680千克。

2. 无融合繁殖实生砧木应用存在的主要问题　湖北海棠、小金海棠等作为苹果基砧，在生产中已有应用，表现为生长整齐、抗逆性强、生长乔化等。但当今果树栽培的发展趋势是矮化密植，而自然界存在的无融合生殖实生砧木资源，都为乔化砧木资源，嫁接品种后结果晚，见效慢。选育兼具矮化性能与无融合生殖特点的砧木，对促进中国矮化苹果产业健康发展具有重要意义。

无融合生殖实生砧木通过种子繁殖产生的实生苗，一般不带病毒，对接穗所带的病毒敏感、育苗时存在嫁接成活率低的问题，需要嫁接脱毒品种，以保证嫁接成活率。目前，中国苹果生产上常用的苹果品种多数都带有病毒，限制了无融合生殖实生砧木的应用。另外，换一个角度考虑，发展以无融合生殖砧木为主的矮化栽培体系，需要建立品种脱毒机制，繁育脱毒种苗，从而促进中国苹果苗木脱毒繁育体系建设。

二、优质苹果标准化生产技术

通过果园机械化应用、化学疏花疏果、水肥一体化等新技术的示范推广，达到苹果优质高产，从而推动河南苹果产业转型升级。

本章系统地总结了豫西黄土高原和豫东黄河故道十多年来在苹果矮砧栽培模式创建及优质高栽培管理技术方面取得的最新成果，健全了苹果现代矮砧集约栽培、乔砧栽培、低效果园改造综合配套技术体系。

（一）豫西黄土高原苹果矮砧集约栽培技术

豫西区域水利条件相对较差，部分区域无灌溉措施，还必须采用乔化栽培，但该种模式在成龄果园生产中极易出现树冠大、通风透光条件差和果园郁闭等现象，制约了河南省苹果综合生产能力和产业竞争力的提升，因此，在栽培管理过程中，要根据树体生长实际情况实行树形动态化管理并不断进行改造，以保证优质果率，降低生产成本。

本技术依据国家苹果产业技术体系《苹果矮砧集约栽培模式技术规范》，结合豫西黄土高原区域自然条件和生产实际，提出了本区域苹果矮砧集约栽培建园的砧穗组合、苗木选择、栽植密度、架材选择安装、整形修剪及配套栽培措施等6个方面的相关技术标准。

1. 豫西黄土高原区域概况 豫西黄土高原区域主要包括河南省三门峡市、洛阳市洛宁县，苹果面积10.7万公顷，为我国黄土高原苹果优势主产区之一。本区域年极端低温 −18.8℃，年降水量506～719毫米，年平均温度12.3～13.9℃，日照时数2 118～2 354小时，无霜期186～219天，≥10℃积温3 791～4 500℃,光、热、气体和降水等自然条件优于其他黄土高原苹果产区，发展矮砧苹果安全性较高。

2. 技术效果和适用区域　试验表明，矮砧苹果栽后第三年开花结果，从第六年起，亩产稳定在 3 500 ～ 5 000 千克，优果率保持在 90% 以上，比乔砧果园早结果 2 ～ 3 年，亩增产 1 000 ～ 1 500 千克，并节省劳动力，便于果园除草、喷药、采果、施肥等机械化作业（图 2-1）。目前已在豫西黄土高原区域、渭南及运城等邻近地区推广应用 1.3 万公顷，亩增效 2 000 余元。在豫西黄土高原区域（三门峡灵宝市、陕州区、卢氏县、湖滨区和洛阳市洛宁县）土壤比较肥沃、降水较多或有灌溉条件的地区应用较好，山西省平陆县、芮城县及其他邻近本区域苹果产区可参照应用。

图 2-1　苹果矮砧集约栽培

3. 苹果砧集约栽培技术

1）砧穗组合选择　本区域苹果园主要分布在海拔 350 ～ 1 300 米的地区，落差较大，有别于其他黄土高原苹果产区。针对海拔落差大造成的气候、土壤条件差异，可选择不同类型的砧穗组合。在选择矮化砧木时，要结合气候条件、水利条件及以往矮砧适应性表现，合理选择适宜当地条件的矮化砧木。本区域砧穗组合建议方案见表 2-1。

表2-1　豫西黄土高原区域苹果矮砧集约栽培砧穗组合建议方案

栽培区域	肥水、温度条件	矮砧利用方式
三门峡市西、北部河谷川地，洛宁县中东部，海拔500米左右区域（包括灵宝市西阎乡、阳平镇、焦村镇、阳店镇等，陕州区张湾乡、菜园乡等，湖滨区交口乡，卢氏县范里乡，洛宁县中东部）	地下水源丰富，具备灌溉条件，年降水量560毫米左右，极端低温 −20℃以上	主要用自根砧，选择M9优系，如T337、Pajam 1、Pajam 2和Nic29等；其他易成花品种也可利用M26自根砧 品种以华硕、秦阳、鲁丽、优系嘎啦等早中熟品种为主
三门峡市西、中、东部，洛宁县西部塬区，海拔在800米左右区域（包括灵宝市苏村乡、五亩乡和朱阳镇等，陕州区西张村镇、张卞乡，洛宁县故县乡等）	有灌溉条件或肥水件较好，年均降水量560毫米以上，年极端低温 −20℃以上	自根砧，选择M9优系，如T337、Pajam 1、Pajam 2等和Nic29等；其他易成花品种也可利用M26自根砧。中间砧选择M26、M9等，要求栽植中间砧露地面10厘米以上 品种以富士优系、红星优系、嘎啦优系、秦脆、瑞雪等中晚熟品种为主
三门峡市东南山区、洛宁西部山区海拔1 000米左右区域（包括灵宝寺河乡、卢氏县管道口镇、洛宁县上戈镇等）	有灌溉条件或肥水条件不好，年均降水量560毫米以上；年极端低温 −20℃以上	有灌溉条件可选用M26、M9自根砧，肥水条件一般的可选用M7、MM106自根砧，条件差的主要用中间砧，选择M26、M7、MM106、SH系等，M系中间砧木栽植深度采用动态管理办法 品种以富士优系、脆粉系（蜜脆、秦脆和粉红女士）、瑞雪和爱妃等为主

2）采用宽行密植　苹果矮砧栽培密度主要由品种长势、砧木致矮性强弱、水肥条件及种植户技术水平来决定。长势强的品种（长枝富士、乔纳金等）、致矮性弱的砧木（SH系、M7、MM106等）或土质条件较好及平地，采用较大的株行距栽植；长势弱的品种（如嘎啦、金冠、蜜脆等）、致矮性强的砧木（T337、Pajam 1、Pajam 2和Nic29等）或水肥条件差及坡地，采用较小的株行距栽植。为方便机械化作业和提高早期产量，一般建议宽行密植栽培，株行距为（1.0～2.0）米 ×（3.5～4.0）米，每亩栽植83～190株（图2-2）。

图 2-2 宽行密植栽培

3）选用大苗建园 建园推荐选用三年生大苗，确保品种、砧木纯正，无检疫性病虫害。优质大苗的标准是：苗木基部品种接口上 10 厘米处干径在 1.0～1.3 厘米，苗木高度 1.2 米以上；整形带内最好有 6～9 个分枝，长度在 40～50 厘米，分布均匀，长势接近；主根健壮，超过 20 厘米侧根 5 条以上，毛细根密集；砧木段长度 20 厘米左右（图 2-3）。栽前将根系的受伤部分及过长主根剪短，剪口为平茬，不带土的苗木应蘸泥浆或蘸生根粉后再栽为宜。

图 2-3 苹果带分枝大苗

为提高工作效率和降低劳动强度，推荐使用挖坑机开挖定植穴，要求直径≥60厘米，深度80厘米左右。大苗栽植必须在地温充分回升并稳定后进行，防止因地温低、根系活动弱造成大苗失水而成活率低。定植时，要求株、行对齐，苗木扶直，根系自然舒展向下，埋土后随即踩实，保证根系与土壤密接，栽后立即浇1次透水。及时检查苗木沉降情况，防止砧木入土超过标准，对发生沉降的苗木要及时恢复原始种植深度。

矮砧苹果树主要靠砧木起矮化作用，并且矮化砧木的长短对矮化效果影响极大。矮化砧木入土深度参见前文砧穗组合建议方案执行。对实行矮化砧木动态管理的果园，在栽植当年的6～7月，对矮砧露出地面部分起垄培土，促进矮化砧木生根和树体生长，在第三至第四年进入初结果期时如发现树体生长较旺，可将培土部分去掉，让生根部位露出地面，抑制树体生长，缓和树势（图2-4）。

图2-4　矮化砧木动态管理

4）设置立架栽培　矮化砧木一般与品种的亲和性差，加之根系浅、固地性差，新建立的果园极易出现树体干性弱、树干偏斜、遇大风砧穗结合部位断裂等现象，必须进行立架栽培。一般8～10米设立1个4.0～4.5米长镀锌钢管或水泥桩，其地下埋70厘米，地上露3.3～3.8米，分别在地上0.8米、1.6米、2.4米、3.2米、3.8米处各拉4～5道直径2.2毫米的钢绞线（钢绞线1千克约31米，每亩需要26～32.5千克）。用镀锌钢管作桩，入土部位需用混凝土浇筑固定。如果选用水泥桩，为10厘米×10厘米的立方柱，长度4.0～4.5米（内置4根直径4毫米的带粗面冷拔丝）。钢绞线安装与前面相同。每棵树绑扶一根高度4米、直径1.5厘米的竹竿，竹竿与钢绞线用铁丝固定，不得左右移动，以防止树干倾斜。

在地顶头安装地锚固定和拉直钢丝，并且地顶头的桩最好向外斜15°左右。地锚与地边的间距在3.5米以上，以方便机械化田间作业。临时措施也可以在每株树旁栽一个竹竿做立柱，扶植中干，中央领导干延长头固定在竹竿上（图2-5）。

图2-5　立架栽培

5）培养高纺锤形和下垂枝修剪　目标树形为高纺锤形，成形后树冠的冠幅小而细高，其中树高3.5～4.0米，主干高0.8～1.0米；中央领导干上着生30～40个小主枝，结果枝直接着生在小主枝上，小主枝平均长度为1米，依品种不同，与中心干的夹角为90°～120°（图2-6）。中心干与同部位的小主枝基部粗度之比为（5～7）：1。成形后春季的亩留枝量为6万～8万条，长、中、短枝比例为1：1：8。

图2-6 高纺锤树形

第一年：如果选用三年生大苗建园，第一年冬剪时，去除个别大的侧枝，中干延长枝不短截；如果选用二年生苗木、中心干较弱的树，栽植后在顶部饱满芽处短截定干，促发旺枝；中心干强旺的树不定干，顶芽以下10厘米内芽抠掉，防止出现竞争枝影响顶梢。冬季疏除中心干上直径大于着生处中心干直径1/3的强壮分枝，疏枝剪口平斜，选留剪口下部芽促发平弱分枝（图2-7）。

图2-7 疏枝剪口平斜

第二至第三年：春季对中心干和主枝缺枝部位进行刻芽或涂抹发枝素处理。夏季通过摘心去叶、多效唑类药剂蘸梢控制竞争枝生长和主枝单轴延伸过长现象。新发主枝长度25厘米左右时，及时使用开角器开张角度，防止其发展为强壮的骨干枝，多余的主枝及时疏除（图2-8）。秋季将中干上的新梢拉至90°～120°；冬剪选留生长势中庸、角度大的一年生枝条作小主枝，不打头；对中央延长枝上部过长、过强枝条疏除。

图2-8　开角器

第四至第五年：树高在3米左右时可以大量结果，如果树势较弱，视树势强弱确定挂果量。生长季节及时将中干上的新梢拉至90°～120°，时间越早越好，控制其长势（图2-9）。一年生枝上的新梢采用拧梢、拉枝等方法，缓和树势，促进挂果。

图2-9　拉枝

更新修剪：就高纺锤形树来说，维持圆锥形的树形对于保证充分受光、结果和下部树冠获得优质果非常关键。随着树龄增长，及时去除树体上部过长的大枝。随着小主枝挂果长粗，应及时更新。更新小主枝时应留小桩，小桩位置发出的平生小枝，不要短截，拉枝下垂或结果后自然下垂。

4. 配套栽培措施

1）铺设园艺地布　覆盖材料推荐选用耐践踏、不影响田间作业、使用寿命长且具有除草功能的园艺地布（图2-10）。铺设时间在春季土壤解冻后或秋末冬初进行，为避免树干烫伤，5～8月高温季节不要铺设地布。地布的铺设宽度应是树冠最大枝展的70%～80%。新植的1～3年幼树选择宽幅1米的地布，即树干两侧各铺一条50厘米宽的地布；4年以上的初果期树选择宽幅70厘米的地布，在树干两侧覆布；盛果期树选择宽幅1.0米的地布，在树干两侧覆布。

图2-10　铺设园艺地布

2）起垄栽培　起垄栽培可以提高地温，增加土壤透气性，促进根系生长发育，在雨季还可以排出多余降水，控制树体旺长。起垄高度8～10厘米，中间要适当高于两侧，垄宽为树冠最大枝展的70%～80%。使用该项技术必须在土层薄、冬季无低温冻害、有灌溉条件和采取覆盖措施的果园进行，否则会加重冻害和干旱发生，豫西区域大部分果园土层深，不建议起垄栽培（图2-11）。

图 2-11 起垄栽培

3）病虫害防控 幼树萌芽初期注意防治蚜虫、天牛、顶梢卷叶蛾、大青叶蝉等害虫。病害重点防控腐烂病和枝干轮纹病，栽植前要剔除带有枝干轮纹病的重病株，对轻病株要进行处理。及时刮除主干病瘤并涂抹杀菌剂，在生长季节还要有针对性地对枝干进行涂抹波尔多浆保护。高海拔区域冬季注意涂白保护树干，预防冻害及腐烂病发生（图 2-12）。

图 2-12 主干涂抹杀菌剂

4）简易水肥一体化技术 面积较小的果园可采用现有打药设备，计算好施肥量后，把水溶性肥料充分溶解在打药桶中，利用机动打药机施肥，通过施肥枪施肥，或打药机与滴灌管连接后，以滴灌方式施肥（图2-13）。面积大的果园，可在果园中修建蓄水池，把肥料溶解在蓄水池中，然后通过上述方式施肥。

图2-13　施肥枪施肥

　　5）果园生草　本区域宜使用高羊茅、毛叶苕子等耐旱、耐寒性草种，种植时间在9月雨季最佳。无灌溉条件的果园可采用自然生草方式（图2-14）。

图2-14　果园生草

（二）豫西黄土高原苹果乔砧栽培技术

豫西黄土高原区域果园多处于丘陵山区，灌溉条件不好，特别是部分处于高海拔地区的农户零星小面积果园，完全不具备灌溉条件。此外，本区域年降水量大多集中在 430 ~ 560 毫米，并且呈现出年际和月际间降水分布不均的特点，特别是冬春季节的持续干旱会使矮砧苹果树的正常生长发育受到不同程度的影响，造成其生产潜能不能充分发挥，此类果园采用乔砧栽培更能保障其安全性和丰产性。

1. 建园技术

1）选地规划　在选地规划建园时要综合考虑地域、地形、坡向、土壤、交通、自然灾害等因素，避开低洼易霜冻地块、冰雹线和环境污染地带进行建园。尽可能连片规划建园，便于统一配套水电路、机械化作业、规模销售和病虫害统一防控（图 2-15）。

图 2-15　连片规划建园

2）品种和砧木品种选择

（1）接穗品种

①早熟品种：早熟品种以华硕、秦阳和鲁丽为主。

②中熟品种：中熟品种以米奇拉、红钻、红盖露、金世纪、烟富 3 号及太平洋嘎啦优系品种为主，在高海拔产区可积极发展条红型品种，在低海拔产区可发展片

红型品种。

③中晚熟品种：中晚熟品种以秦脆、蜜脆、天汪 1 号和玉华早富等品种为主，适度发展秦蜜、红乔王子、红将军和望山红等品种。

④晚熟品种：晚熟品种除 2001、礼泉短富、福丽、烟富 3、烟富 6、烟富 8 和烟富 10 等富士优系外，以粉红女士、瑞雪等品种为主，适度发展维纳斯黄金、瑞阳、爱妃等品种，其中粉红女士在海拔 800 米左右的区域发展优势更为明显。

（2）砧木品种　砧木品种以八棱海棠和新疆野苹果为主。

3）授粉树配置　如选用商业品种作为授粉树，要选择与主栽品种花期一致或接近，花粉量大、亲和力强，且能与主栽品种相互授粉，丰产并具有较高的商品价值，适应当地环境、栽培管理容易、始果年龄和寿命相近的品种为授粉树，一般配置授粉树比例不低于 20%。如选用专用授粉品种作为授粉树，早熟品种可选满洲里、绚丽、凯尔斯和火焰；中熟品种可选绚丽、红丽；中晚熟品种可选雪球、钻石和红峰（红玛瑙）；晚熟品种可选雪球和红峰（红玛瑙）。专用授粉树配置不低于 5%。

4）栽植密度　如果选用长枝富士或其他生长势旺的品种，栽植密度以 3 米 ×（4 ～ 5）米，44 ～ 55 株 / 亩为宜，移植或间伐后变为 6 米 ×（4 ～ 5）米，22 ～ 28 株 / 亩。如果选用短枝型或生长势弱的品种，栽植密度以（2.0 ～ 3.0）米 ×4.0 米为宜，55 ～ 84 株 / 亩。

5）栽植技术　豫西区域栽植时间以春栽为主（3 月上中旬），如果采用带分枝冷藏大苗，可在花期时间栽植（4 月上中旬），秋栽应在土壤封冻前（10 月下旬），栽后注意埋土防寒。本区域地形多不规整，行向应顺应地势进行，以南北行向为宜。

果园土壤深翻后旋耕整平，放线定点，机械或人工开挖直径 50 厘米、深 50 ～ 60 厘米的定植坑（或宽 0.5 米、深 0.6 米的定植沟），上层土和下层土分开放置（图 2-16）。为熟化土壤，春栽坑（沟）在秋季土壤封冻前完成，秋栽坑（沟）在夏季完成。为保证土壤肥力，定植前每亩可施腐熟有机肥 3 000 千克、三元素复合肥 25 千克，肥料与土混匀，先上层土后下层土进行回填，回填后应进行灌水以沉实土壤。

图 2-16　开挖定植坑

　　苗木按照大小、根系完整度、枝干伤损情况分级，剪除根蘖和修剪根系。修剪根系后用伤口愈合剂封闭较大伤口，按大小、类别、定量捆成小捆备栽。为提高成活率，可用泥浆或生根粉配置的溶液进行蘸根后定植。定植时扶正苗木，纵横成行，边填土边提苗舒展根系并踏实。为避免品种生根，定植深度应以嫁接口露出地面 5 ~ 8 厘米为宜。

　　6）栽后管理　豫西黄土高原冬春季节少雨干旱，苗木定植后每株及时灌水 15 ~ 20 千克，待水渗后覆土封坑。为提高苗木成活率和生长量，可用园艺地布或黑色地膜覆盖树盘或通行覆盖，覆膜宽度 1.0 ~ 1.5 米，园艺地布和地膜两侧、断口、破洞及苗干基部的地面撕口用土压实。

　　定植后及时对苗木定干：无分枝苗在苗干上部饱满芽段定干，定干高度一般不低于 80 厘米，分枝大苗在中干延长头饱满芽处短截，剪口涂抹愈合剂。春栽无分枝苗定干后用宽 4 厘米的塑料筒进行套干（袋口上下端用绳扎紧），春栽分枝大苗用农膜进行缠干，高度达到苗高的 70% ~ 80%（图 2-17）。春栽套干苗木发芽后及时解开套干袋口，7 天后去除袋子。缠干苗木在 5 月下旬解膜。解袋除膜后抹除苗干基部 80 厘米以下的萌芽，和顶端剪口下 10 厘米内的竞争芽。苗木成活后当中干顶芽新梢长到 50 厘米以上时，把新梢固定在竹竿上，保持中干顺直不弯曲。

图 2-17　塑料筒套干

2. 土肥水管理　土肥水管理技术请参考本书第四章。

3. 整形修剪

1）树形选择　生长势旺的品种，如长枝富士等，果园易郁闭，树形可借鉴延安地区苹果树形管理技术，实行动态化管理，即 1～7 年生选培自由纺锤形树形，干高 80～100 厘米，树高 3.0～3.5 米。中心干直立健壮，中央领导干上均匀配备 15～20 个小主枝，小主枝插空排列，螺旋上升，主枝与同部位中干粗度比应小于 1：3，永久性主枝开张角度 80°，临时性主枝开张角度 90°～100°。8～14 年为变则主干形，干高 1.0～1.2 米，树高 2.8～3.0 米，主枝数量 5～7 个，主枝上配备松散、均匀的大、中、小型结果枝组。15 年以上为小冠开心形，干高 1.0～1.5 米，树高 2.5～2.8 米，主枝 3～5 个，间距 40～60 厘米。主枝上配备松散均匀的大、中、小型结果枝组，枝组呈立体式结构。

生长势弱的品种，如短枝型富士和新红星等，树形为自由纺锤形，不区分永久性主枝和临时性主枝，主枝开张角度 90°～100°。

2）冬季修剪技术

（1）自由纺锤树形冬季修剪　幼树修剪时要注意"轻剪、长放、多留枝"，促进幼树快速成型和保证前期产量，乔砧幼树主枝长势不易控制，为保证中心干优势，一年生幼树侧枝建议全部疏除，二年生幼树枝干比大于 1：3 的侧枝疏除（图 2-18）。中心干延长头较弱的留饱满芽继续短截，以保持中心干的绝对优势。

图 2-18　侧枝疏除

主枝培养从第三年开始，每年根据发枝情况留 4～6 个小主枝，间距 20 厘米左右，呈螺旋排列上升。对中心干上部同龄枝，可继续采取疏枝的办法拉开枝龄差，中心干延长头较弱的继续短截。生长势旺的品种期间应注意选配出高度、间距、方位适合的 4～5 个永久性主枝，注意通过拉枝、环切等技术措施培养侧枝结果枝组，为以后树形改造做好准备。临时性主枝可采取拉大角度、环切的办法促进早成花早结果。乔砧短枝型品种适时开张主枝角度，一般为 90°。

（2）变则主干树形冬季修剪　变则主干树形是解决出现郁闭时的一种过渡树形（图 2-19），主要技术措施包括：

一是提干。在 3～4 年完成。对主干上离地面 80～100 厘米以内的主枝，通过采用回缩、变向、疏除等综合改造措施，逐步使主干高度抬升到 100～180 厘米。不能一次同时去除 2 个对生枝或轮生枝，以避免形成对口伤，严重伤害树干。

图 2-19　变则主干树形提干

二是疏枝。按照目标树形要求，在选留好永久性主枝的基础上，对树干中上部过多、过密的大枝，要逐年、分次去除（图 2-20）。原则上"去一去二不去三"，即一般每年去除 1 ~ 2 个大枝（弱树 1 个，强树 2 个）为好，首先疏除轮生枝、对生枝和重叠枝，最终保留 3 ~ 6 个主枝。去除大枝时，可按"去一留一"或"去一留二"的原则进行，避免当年在主干同一部位造成大的对口伤或并生伤口。

图 2-20　变则主干树形疏枝

三是落头控冠。一般应分 2 ~ 3 次完成，年限因树龄而定（图 2-21）。树高最终控制在 2.5 ~ 3.0 米为好。一般树龄较小、树势较旺的树，每次落头要轻、年限宜长，避免引起大量冒条。最后一次落头，要选留小主枝或留保护桩，避免上部枝干出现日灼。

图 2-21 变则主干树形落头

四是间伐。对进入盛果期的果园或高密度果园可采取"隔行挖行"或"隔株挖株"的形式实施一次性间伐，使栽植密度降低一半（图 2-22）。部分郁闭果园在间伐后 5 ~ 8 年，还需进行二次间伐，使栽植密度再降低一半，最终栽植密度保持在16 ~ 22 株/亩为宜。间伐后的果园总枝量减少一半左右，对产量影响较大，为尽快恢复，剩留树的修剪方式和修剪量要与改造前做出明显不同的调整。改"控冠"为"扩冠"；改"短截、回缩"修剪为主为"长放、疏除"修剪为主；适当减少修剪量，冬季修剪量一般不宜超过全树总枝量的 20%，尤其间伐当年要以轻剪、长放为主，尽可能保持较多的留枝量，避免对产量造成过大影响。

图 2-22　变则主干树形间伐

（3）小冠开心树形冬季修剪　小冠开心树形为乔砧栽培生命周期的最终树形（图2-23），主要技术措施包括：

图 2-23　小冠开心树形

一是开张主枝和侧枝的角度。在改形过程中，既要保持永久性主枝和其侧枝的生长优势，保证树冠扩张延伸，同时还应注意使平面叶幕层形成良好的光照条件。一般情况下，主枝的基角宜为 70°～80°、腰角宜为 80°～90°、梢角宜为60°～70°，侧枝的角度应稍大为好。

二是枝组更新复壮。对下垂衰弱的结果枝组，利用斜背上枝或芽抬高角度；或采取适度回缩、疏除等办法，利用后部预备枝更新。

同时，利用强壮的果台副梢培养新的结果枝组。对主枝上着生的背上枝适度选留，拉枝下垂培养成健壮结果枝组。

（4）树形改造中应注意的问题　在树形改造过程中，应注意以下几个方面的问题：

第一，遵循大密闭大改形、小密闭小改形、不密闭不改形的原则，不同果园密闭程度不同，改形措施和轻重缓急不同，不要搞一刀切。

第二，对于树龄小、密闭程度轻的株行距2米×（3～4）米果园，可采用"瘦身"技术，将疏层形改为左右纺锤形或细长纺锤形，将自由纺锤形改为高纺锤形，通过树干"瘦身"，解决密闭的问题。

第三，对于无灌溉条件、土壤瘠薄和年生长量较少的轻密度果园，可以保持原树形不变，做局部调整。

第四，对于强行提干和落头开心的果园，背上冒条往往比较严重，对于这些背上枝，要通过重短截促发中庸枝、拉枝下垂、转枝、刻芽、摘心去叶加基部环割等技术促进成花，加以利用，切忌盲目修剪。

3）生长季修剪技术　生长季修剪技术措施主要有刻芽（图2-24）、抹芽和除萌、疏枝和主侧枝拉枝等。对"光秃"现象严重的成龄树和幼旺树，萌芽前后在缺枝部位芽上方刻一道深达木质部伤痕，促进发枝，弥补空间，如果刻芽的同时涂抹发枝素则效果更佳。苹果春季萌芽后，及时抹除主干、主枝基部10厘米以内、剪锯口周围无用的萌蘗和过多背上芽。

图2-24　刻芽

6～9月对成龄果园树冠内的直立枝、徒长枝、过密枝以及树冠外围的多头枝、过密枝、徒长枝从基部剪除。对主枝背上过密枝、直立旺枝和徒长枝应适当疏除，保留枝采取拉、揉、拿等办法进行控制利用。疏除主枝延长头前端的多头枝，使其单轴延伸。幼树主要对中干延长头竞争枝及时疏除，扶持中干健壮生长。延长头于9月进行摘心，促进枝芽充实，防止抽条。

环切主要针对幼旺树、适龄不挂果树。果树花芽分化临界期（6月初左右），在临时性主枝和侧生枝基部20厘米以内的光滑部位进行1～3次环切，间隔期约1周，切口间距约5厘米，对于长势较旺的枝配合摘心去叶措施效果更佳。

4. 花果管理

1）花前管理　萌芽后进行复剪，主要疏除过多的花枝、细弱花枝、腋花芽，同时剪除冬剪遗漏的病虫枝、干枯枝、细弱枝、锥形枝和弱果台枝等。萌芽后，对授粉树配置不足的果园，按照要求合理选择单枝（主枝）嫁接授粉品种。

2）疏花疏果　花序分离期疏除过密、质量较差的花序；疏除永久性主枝延长头梢部50厘米以内的花序；疏除腋花芽花序；盛花期每个花序选留中心花和一个健壮的边花。原则上每个花序只留中心果，中心果发育不良的选留一个发育良好的边果（图2-25）。优先选留果个大、果形正、果柄粗壮、无病虫、无外伤、果台副梢生长良好的果。

图2-25　疏果

生长势旺的品种留果量：按大型果 20 ～ 25 厘米、中小型果 15 ～ 25 厘米留一个果的标准进行，大型果亩留果量 1.2 万 ～ 1.5 万个，中小型果 1.5 万 ～ 1.8 万个。叶果比大型果按（40 ～ 50）：1 留果，中小型果按（30 ～ 40）：1 留果。生长势弱的品种留果量：按大型果 20 ～ 25 厘米、中小型果 15 ～ 20 厘米留一个果的标准进行，大型果亩留果量 1.2 万 ～ 1.5 万个，中小型果 1.5 万 ～ 1.8 万个。叶果比大型果按（30 ～ 50）：1 留果，中小型果按（20 ～ 40）：1 留果。

3）果实套袋　落花后至套袋前结合病虫防治喷施 2 次钙肥。落花后 30 ～ 35 天开始套袋（图 2-26），先早熟，后晚熟，20 天内结束。按照撑袋、套果、压口、紧口、封口 5 个步骤完成。每隔半月抽检 1 次果袋，检查袋内积水、病虫危害等情况，发现问题及时采取措施。早熟品种采收前 7 ～ 10 天、中熟品种采收前 10 ～ 15 天、晚熟品种采收前 15 ～ 20 天摘除外袋，间隔 3 ～ 5 天后（含 3 个晴天），再摘除内袋。

图 2-26　果实套袋

4）果实增色　果实增色的技术措施有：

一是摘叶，去除内袋后，摘掉果实周围的直接遮光叶片，使果实充分受光。

二是转果，果实阳面充分着色后转果，使果实全面着色。转果应避开强光时段，以防日灼。

三是铺反光膜（布），去除内袋后，在树冠下铺设反光膜或白色园艺地布，促使果实全面均匀着色（图 2-27）。

图 2-27　铺设反光膜增色

5）果实采收　根据果实发育期、成熟度、用途和市场需求综合确定采收适期。采前落果较严重或成熟期不一致的品种，应分期采收。采收时用手掌轻托果实，食指抵住果柄基部，向上轻抬（折），果柄可自然与果实分离，禁止硬拽。采收时应先采冠上和外围着色好的果实，冠下和内膛的果实着色后再采。采果篮、周转箱内应衬垫软质材料，防止擦、碰、刺伤果实，最好选用采果袋；采收人员须剪短指甲或戴手套，以防指甲刺伤果面；采果时应尽量多用梯凳，少上树，避免踩伤树体和枝芽。

果实采收后，对套塑料膜袋的果实进行脱袋与分级（图 2-28）。

图 2-28　果实脱袋与分级

（三）豫东黄河故道苹果矮砧集约栽培技术

1. 黄河故道产区概况 黄河故道早中熟苹果特色产区位于黄河冲积平原，地势平坦，海拔 30～70 米，属暖温带大陆性季风气候。冬季多偏北风，寒冷干燥；春季风多日暖，干旱少雨；夏季受偏南风影响，炎热多雨；秋季雨量偏少，日照充足。年平均气温 14.3℃，年平均相对湿度 71%，年极端低温 -16.3℃，年均降水量 747 毫米，全年日照时数合计平均 2 142.697 小时，无霜期约 211 天，≥ 10℃ 积温 4 700℃。是我国早中熟苹果特色种植区，适于发展矮砧苹果栽培。

2. 适用区域 适用于豫东（商丘、开封、周口）、鲁西南（山东省曹县、单县）、皖北砀山县、苏北丰县等黄河故道沿岸土壤比较肥沃、降水较多或有灌溉条件的地区。

3. 黄河故道矮砧集约栽培技术

1）砧穗组合选择 适宜选用 M9-T337、M9-Pajam1、M9-Pajam2、M9-Nic29 自根砧苗。

2）品种选择 夏红（6 月下旬成熟），K12（7 月中旬成熟），华硕（8 月中旬成熟），国庆红、秦脆、爱妃（10 上旬成熟），秋映、维纳斯黄金、烟富 8、瑞雪（11 上旬成熟）。

3）宽行密植 为方便机械化作业和提高早期产量，采用宽行密植，株行距为（1.0～2.0）米×（3.5～4.0）米，每亩栽植 83～190 株（图 2-29）。长势强的品种

图 2-29　矮砧宽行密植果园

（富士、华硕等）或土质条件较好及平地，采用较大的株行距栽植；长势弱的品种（如K12及部分短枝型品种等）或土质条件差及坡地，采用较小的株行距栽植。

4）苗木选择　选用无病毒自根砧健壮大苗，且品种、砧木纯正，无检疫性病虫害。健壮大苗的标准是：矮化自根砧苗木根砧长度20厘米左右，矮化中间砧苗木的矮化砧长度20～30厘米，苗木基部品种接口上10厘米处干径在1.2厘米以上，苗木高度1.5米以上；整形带内最好有6～9个有效分枝，长度在40～50厘米，分布均匀；苗木根系健壮，长度超过20厘米的侧根5条以上，毛细根密集。

5）授粉品种配置　早熟品种夏红、K12选用凯尔斯（图2-30），中熟品种华硕选用绚丽、雪球，晚熟品种富士类选用红玛瑙，配置比例5%。也可配置花粉量大、与主栽品种亲和力强、花期一致的授粉品种，配置比例（5～8）∶1。

图2-30　凯尔斯

6）精细栽植　苹果苗栽植必须在地温充分回升并稳定后进行，防止因地温低、根系活动弱造成苗木失水而成活率低。挖掘深、宽各80～100厘米的定植沟，表土与心土分开放置，沟底填入20厘米厚的作物秸秆，表土与有机肥混匀回填下部，灌水沉实后栽植。栽前修剪根系的受伤部分，不带土的苗木应蘸泥浆或沾生根粉后再栽。

定植时，要求株、行对齐，苗木扶直，根系自然舒展向下，埋土后随即踩实，保证根系与土壤密接，栽后立即浇1次透水。及时检查苗木沉降情况，防止砧木入土超过标准，对发生沉降的苗木要及时恢复原始种植深度。

7）设置立架　矮化砧木根系浅、固地性差，新建果园极易出现树体干性弱、树干偏斜、遇大风砧穗结合部位断裂等现象，必须进行立架栽培（图 2-31）。一般 8 ~ 10 米设立 1 个 4.0 ~ 4.5 米长镀锌钢管或水泥桩，其中地下埋 70 厘米，地上露 3.3 ~ 3.8 米，分别在地上 0.8 米、1.6 米、2.4 米、3.2 米、3.8 米处各拉 4 ~ 5 道直径 2.2 毫米的钢绞线（钢绞线 1 千克约 31 米，每亩需要 26.0 ~ 32.5 千克）。用镀锌钢管作桩，入土部位需用混凝土浇筑固定。如果选用水泥桩，为 10 厘米 × 10 厘米的立方柱，长度 4.0 ~ 4.5 米（内置 4 根直径 4 毫米的带粗面冷拔丝）。钢绞线安装与前面相同。每棵树绑扶一根高度 4 米、直径 1.5 厘米的竹竿，竹竿与钢绞线用铁丝固定，不得左右移动，以防止树干倾斜。

在地顶头安装地锚固定和拉直钢丝，并且地顶头的桩最好向外斜 15° 左右。地锚与地边的间距在 35 米以上，以方便机械化田间作业。临时措施也可以在每株树旁栽一个竹竿作立柱，扶植中干，中央领导干延长头固定在竹竿上。

图 2-31　矮砧立架集约栽培

8）高纺锤树形　豫东黄河故道地区新建苹果矮砧集约栽培果园，宜采用高纺锤形树形。高纺锤形树形结构简单，树冠内膛光照条件好，果实品质一致，优质果率极高，整形修剪简化，管理省力、省工。

高纺锤形树体结构：树高 3.5 ~ 4.0 米，主干高 0.8 米左右，中干上着生 30 个左右螺旋排列的小枝，结果枝直接着生在小主枝上，小主枝长度为 1 ~ 1.2 米，与中干的平均夹角为 110°，同侧小主枝上下间距为 0.25 ~ 0.3 米。中干与同部位的小主枝基部粗度之比（3 ~ 5）：1。成形后的高纺锤形（图 2-32）在春季每亩留枝量为 6 万～8 万条，长、中、短枝比例为 1：1：8。

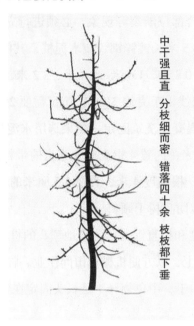

中干强且直　分枝细而密　错落四十余　枝枝都下垂

图 2-32　高纺锤形树形结构

（1）整形修剪技术要点　选用带分枝大苗建园，不定干。仅去除直径超过主干干径 1/4 的大侧枝，缺枝部位要刻芽促枝，顶芽以下的 2、3、4、5、6 芽全部抠掉。

第一年冬剪：秋季将中干上的新梢拉至 95°～120°，冬剪时，粗度超过着生部位中干直径 1/3 以上的侧枝全部疏除，其余侧枝保留，不打头，对中干延长头轻短截。采用无分枝或少分枝的小苗建园，冬剪时，所有分枝全部留橛疏除，对中干延长头轻短截（图 2-33）。

图 2-33　高纺锤树形冬季整形修剪

第二至第三年：秋季将中干上的新梢拉至95°～120°；冬剪时，仍然将粗度超过着生部位中干直径1/3以上的侧枝全部疏除，选留生长势中庸、角度大的一年生枝条作小主枝，不打头。每年需要对所有长度25厘米以上侧枝拉到水平以下，防止其发展为强壮的骨干枝，直到树体生长势缓和，并开始大量结果。

第四至第五年：树高在3米左右时可以大量结果，如果树势较弱，春季疏除部分花芽，减少挂果量。秋季将中干上的新梢拉至95°～120°，一年生枝上的新梢采用拧梢、拉枝等方法，缓和树势，提高产量。

更新修剪：维持纺锤形树体是保证果园群体充分受光、结果和下部树冠获得优质果品的关键。随着树龄的增长，疏除中心干上过长的大枝，直径超过2.5厘米的枝一定要疏除。疏除树冠下部超过1.2米、树冠中部超过1米、树冠上部超过0.8米的侧枝。中干上不留永久性侧生枝，所有侧枝轮换更新，5～6年轮换1次。为了保证枝条更新，去除中干上的枝条时应留短桩，以促发出平生的中庸枝更新枝，培养细长下垂的结果枝组（图2-34）。

图2-34　高纺锤树形整形

（2）整形修剪原则

①培养健壮中心干。中心干在树体中起领导作用，健壮的主干有利于抑制侧枝旺长，促进成花结果，培养健壮的主干是高纺锤形树形整形修剪的核心。保持主干直立、粗壮，干径要远远大于其上分生的主枝，5：1的干枝比最为适宜，最低标准应为其上着生主枝直径的2倍以上。

②保持枝条的单轴延伸。中干上的主枝要保持单轴延伸（图2-35），其上不能有大型分枝，如出现大型分枝，会消耗大量树体营养，导致光照恶化，不利于成花结果。修剪时，主枝上直接留结果枝，不留结果枝组。

图2-35　枝条单轴延伸与下垂枝结果

③利用下垂枝结果。下垂枝结果是高纺锤形树形管理的关键，枝条下垂有利于积累光合产物，提高成花力。下垂枝所结果实，果形正，着色好。生产中，可拉枝或对新生的枝条保留有顶花芽的枝条，顶芽结果后自然压弯枝条下垂，连年长放，就可形成大量花芽，形成下垂结果枝。

④保持适宜枝量。保持适宜的亩枝量是高纺锤形树形管理的重点之一。在苹果树体中，要有足够的枝量，枝量是叶面积的基础，是花量和产量的前提。在一定范围内，苹果亩产量与亩枝量呈正相关，但超过一定范围，树冠易郁闭，内膛光照弱，成花能力弱，结果部位外移，结果量下降。根据大量的生产实践，盛果期的果园，亩留枝量6万~8万条最合适，长、中、短枝比例保持在1：1：8较适宜，充分保证了树体有充足的光合面积制造营养，又有充足的短枝成花结果，既有利于提高产量，又有利于提高优果率。

（3）配套修剪手法　高纺锤树形果树的修剪以放、疏、拉为主要方法，有用枝条长放处理，无用枝条进行疏除。所留枝条拉枝缓势成花，结果后利用果实的重量压枝控势，修剪方法简单明了。修剪时采用冬剪与夏剪结合，夏剪为主，冬剪为辅。

①拉枝。拉枝是高纺锤形树形整形、促花的关键措施。当萌发的新枝长到15～20厘米时，此时枝条处于半木质化状态，枝条柔软，容易开角，可以用牙签在中心干和主枝之间撑开基角（图2-36）。当开过基角的枝条长到30～40厘米时开始拉枝。生产中也可以用开角器别枝，达到开角的目的，即可拉基角也可拉腰角和梢角，只需根据枝条生长情况，将开角器从基部向腰部和梢部移动。开角器适用于基部0.5厘米左右的枝条，枝条基部粗度大于1厘米时就要借助其他拉枝材料进行拉枝到110°。

图2-36　拉枝

拉枝前先进行全树整形修剪，剪除过密枝、重叠枝、不充实的细弱枝等。在拉枝开角时，往往会把枝折伤折断或是从树杈处拉劈，在拉枝前先活动枝条的基部，可以防止这类现象发生，常采用"一推二揉三压四固定"的方法。左手握住枝权部，右手握住枝基部，向上、下、左、右扭70°～90°，将枝条基部扭伤，再手握枝条向上及向下反复推动，将枝条反复揉软，在揉软的同时，将枝条下压至110°～120°，拉枝部位在枝条中部至枝梢顶端1/3处，枝条直顺，不成弓形为宜。拉枝部位距中干太近，腰角不易拉开，开角的效果不大；在枝梢段拉枝，主枝易成弓形，易萌发背上徒长枝。

拉枝材料要有一定的抗风化能力，能维持2～3个月，可以用塑料绳、布条、细铁丝，同时要注意防止拉绳嵌入木质部中，影响树体生长。

②刻芽促枝。刻芽又称目伤，刻芽的位置不同，作用也不同（图2-37）。在芽前刻促进芽的萌发，在芽后刻抑制芽的萌发。为了促发中短枝，黄河故道地区可在萌芽前7天至萌芽初期，也就是每年的3月下旬进行刻芽。

图2-37 刻芽

刻芽从定植后开始，中央领导干上缺枝的地方，3～5个芽刻1个，萌发前在芽的上方0.5～1厘米处目伤刻芽，深达木质部。伤口离芽近、深，枝条萌发旺，伤口远、浅、短，枝条萌发弱，管理中根据果树生长情况灵活掌握。用抽枝宝涂抹在芽体上，可代替刻芽。萌芽后将无用的萌芽及时抹除，可节省养分，增加有效枝的比例。

③回缩。保持壮枝结果是提高产量和品质的基本要求，侧枝长度超过1.2米时回缩到有分枝的适当的位置。结果后过分下垂的侧枝及时回缩，抬高新梢高度和角

度。侧枝上过弱的下垂结果枝组，及时复壮。下垂的小型结果枝组，过弱时适当回缩轮换，以恢复长势和提高结果能力。对树体高度超过标准的要落头，维持在3.2～3.5米，同时保持树冠顶部有2～3条直立枝，每年轮换中心干顶部的弱枝，保持中干顶部弱枝带头。

④疏枝。疏枝是果树休眠期修剪的重要手段。一是幼树期主要疏除背上直立枝和强旺竞争枝，盛果期树主要疏除密生枝、徒长枝，在中干上可着生30～40个小主枝，主枝单轴延伸，均匀分布。二是清理过低枝。在苹果树体中，过低枝由于与根系间距近，养分交流容易，易旺长，影响树体对反射光的利用，分年度将过低枝疏除，将最低枝提高到离地面60厘米以上。三是疏除对生枝。在主干上出现对生枝，会分流养分，导致中干变细，有计划地疏除有利于主干健壮生长。四是疏除大主枝及辅养枝。主干上着生的过粗过大枝易与主干争养分，影响着生部位上部树冠的生长。一般五至六年生主枝过大时应逐年轮换，去大留小。幼树期，为了辅养树体和增加结果部位，在中干上留有部分临时性枝，进入结果期后，临时性枝扰乱树形影响树体光照。矮化密植栽培中，一般用斜剪法去掉与主枝竞争的侧枝，去掉夹角小的侧枝、去掉直径超过主枝一半的侧枝。

⑤摘心。摘心就是摘除新梢顶部的嫩梢，削弱顶端优势，促生分枝，增加枝量和增加枝条养分积累，减弱生长势，利于整形、成花、结果（图2-39）。从6月开始，对主枝上生长旺盛的新梢摘心，摘心时带2～3片叶，效果较好。7月中下旬，对部分发出的新梢、强旺副梢进行摘心，一方面控制生长促发短枝，另一方便也可以促进成花。对富士系果台副梢进行早期摘心，能提高坐果率，增大单果重。

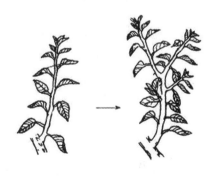

图2-39　摘心

9）栽培措施

（1）**起垄栽培**　起垄栽培可以提高地温，增加土壤透气性，促进根系生长发育，在雨季还可以排出多余降水，控制树体旺长。垄中间高 20～30 厘米、宽 100 厘米，横截面呈弓形。要求矮化砧（中间砧、自根砧）露出地面 5～10 厘米。以不让品种段生根为原则。

（2）**果园生草**　矮砧苹果园提倡起垄生草土壤管理制度，树行下覆盖园艺地布、作物秸秆或杂草。行间自然生草或人工种植鼠茅草、黑麦草、紫花苜蓿等，每年随果树追肥给草施肥 2～3 次，留 10 厘米高茬刈割 4～5 次，覆盖地面。

（3）**肥水管理**　矮砧苹果园，由于结果早、产量高，一定要应用肥水一体化技术，重视土肥水管理，增强树势。

（4）**花果管理**

①花期授粉。采取壁蜂授粉或人工授粉。机械授粉在中心花朵开放达 50% 以上时进行。花粉发芽率要求 60% 以上，花粉与石松子（或滑石粉）混合使用，配比为（1：2）～（1：4），连授 2 次，间隔 2～3 天。

②疏花。花蕾露红至花序分离时，先疏去过多、过密花芽及腋花芽（花序）；花序分离时，疏除边花，保留中心花。留花量要根据全树花量所能负载的结果量来决定，多留 15%～20% 的余量，作为不良因素影响的安全保障。

③疏定果。生理落果后，及时疏去小果、畸形果、病虫果；大果形品种，一个花序只留 1 个果；也可按每 20～25 厘米留 1 个果的方法疏留果。根据土壤有机质水平、树龄、树势、花芽质量，做到因树定产，因枝留果，保证果品质量，提高经济效益，控制大小年现象发生。

④套袋。5 月下旬开始套袋，6 月 15 日前完成。

⑤采前除袋。30 天，将外层袋撕开露出内层红色袋，存留 3～5 天后再全部去除。

⑥铺反光膜。在苹果开始着色时（采收前 10～15 天），在其树冠下铺银白色反光膜，增加向树膛内部反光，有利于果实着色。

三、苹果园病虫害防控技术

已记载的苹果病虫害有上百种之多，目前在生产上常见且能形成严重危害的病虫害有40余种，由于篇幅有限，本章针对河南区域苹果园病虫害发生实际，选择了白粉病、褐纹病、褐斑病、花叶病毒病、腐烂病、轮纹病、霉心病、叶螨和绵蚜等20种重点病虫害的防控技术进行讲述。

（一）苹果病害防控技术

1. 白粉病　白粉病主要危害苹果叶片、嫩枝和新梢等嫩梢组织，严重时危害花及幼果，病部满布白粉是此病的主要特征（彩图35）。新梢顶端被害后，展叶迟缓，发育停滞，其上覆盖白粉层，后期病部产生黑色小点粒。病梢节间缩短，叶片狭长，叶缘上卷，质硬而脆。病梢因发育不良而不能抽生二次枝。病芽春季萌发较晚，抽出的新梢及嫩叶覆盖一层白粉。嫩叶感病后，叶背面产生白粉状病斑，病叶皱缩扭曲。花器亦能受害，花梗畸形，花瓣细长，严重的不能结果。重病区在流行年份幼果发病，多在萼洼或梗洼产生白色粉斑，稍后形成网状锈斑，成"锈皮"症状。生长期健叶被害呈凹凸不平状，叶色浓淡不均，病叶皱缩扭曲，甚至枯死。

1）发病规律　苹果白粉病的发生、流行与气候、栽培条件及品种有关。4～6月及9月为发病盛期，春季温暖干旱的条件有利于病害前期的流行，夏季多雨凉爽、秋季晴朗，有利于后期发病。地势低洼，栽植过密，土壤黏重，偏施氮肥，钾肥不足，树冠郁闭，果园杂草多而茂盛，枝条细弱时发病重。轻剪长放，使带菌芽的枝条数量增加，有利于白粉病的发生。病菌以菌丝在芽内越冬，春季芽萌发时，越冬菌丝迅速扩展，并产生大量分生孢子，随风传播，蔓延侵染嫩叶、新梢、花器和幼果。经过短时期的重复侵染，产生大量分生孢子梗和分生孢子，在病部组织表面形成白粉。

2）防控措施

（1）物理防控　在增强树势的前提下，要重视冬季和早春连续、彻底剪除病梢，减少病原越冬。结合生长期喷药保护进行防控，能收到较好的效果。

（2）农业防控　合理密植，改善通风透光条件，适当控制氮肥施用量，注意氮、磷、钾配合，增施磷、钾肥。

（3）化学防控　如在萌芽期和花前花后的树上喷药。硫制剂对此病有较好的防控效果。萌芽期喷 3 ~ 5 波美度石硫合剂。花前可喷 0.5 波美度石硫合剂或 50% 硫悬浮剂 150 倍液。发病重时，喷施吡唑醚菌酯、氟硅唑和腈菌唑等药剂。

2. 褐纹病　褐纹病又称苹果斑点落叶病，主要危害叶片，还可危害叶柄、一年生枝条和果树（彩图 36）。叶片病斑初为褐色圆形，后扩大为红褐色，边缘紫褐色，病斑中央常具一深色小点或同心轮纹，高湿条件下，病斑背面产生黑色霉层。高温多雨季节，病斑迅速扩大，呈不规则形。危害富士等抗病品种，病斑多为 1 ~ 5 毫米的小病斑，很少能扩展成大的病斑；危害红星（元帅系品种）等感病品种，病斑能扩展成 10 ~ 20 毫米的大斑，形成叶枯状，并很快导致落叶。病菌也可以侵染果实，造成黑色斑点，尤其是当果面有裂纹时，更容易遭受斑点落叶病菌的侵染。

1）发病规律　病菌以菌丝体在被害叶、枝条上越冬，第二年 4 ~ 6 月产生分生孢子，随风雨传播，侵染危害。苹果斑点落叶病全年有 2 次侵染高峰，第一次是春梢开始生长期；第二次是秋梢开始生长期，病原菌主要在落叶上越冬，其中以第二次发生最严重，容易造成病叶大量脱落。春季苹果展叶后，雨水多、降雨早、雨日多或空气相对湿度在 70% 以上时，田间发病早，病叶率增长快。夏秋季节有时短期无雨，但是空气相对湿度大、高温闷热时，也利于病菌产生孢子和发病。果园密植，树冠郁闭，杂草丛生，树势较弱，地势低洼，地下水位高，枝细叶嫩等易发病。

2）防控措施

（1）物理防控　严格清园。秋末冬初要及时清扫果园落叶，剪除病枝，集中深埋或烧毁。

（2）农业防控　及时夏剪。7 月及时剪除无用的徒长枝、病梢，减少侵染源。及时中耕除草，改善果园通风透光条件，降低空气相对湿度，减少发病。

（3）化学防控　重点保护早期叶片，以防为主。雨季前，5 月中下旬喷施 1 次保护性杀菌剂，其余时间根据降水情况喷药，在降水前喷施 1 次保护性杀菌剂。防控药剂有代森锰锌、多抗霉素、异菌脲和苯醚甲环唑等。喷药时间越接近降雨效果越好，如雨后 1 天喷施药剂的防控效果要远远高于雨后 3 天喷施药剂的效果。

3. 褐斑病 褐斑病又称绿缘褐斑病，是导致苹果早期落叶的主要病害（彩图 37）。该病主要危害老叶，也可侵染果实，叶上初期病斑出现同心轮纹型、针芒型及混合型病斑，病斑褐色，其上散生或轮生黑色小粒点（病菌的分生孢子盘），病叶易脱落引起早期落叶。此病的典型症状是产生不规则褐色病斑，边缘不清晰，周围边缘有绿色晕圈，病叶无病斑部分易褪绿变黄。病斑上由黑色小粒点或黑色菌索构成同心轮纹或针芒。同心轮纹型和混合型病斑叶背呈棕褐色。病菌也可侵染果实形成紫褐色斑点。

1）发病规律 该病主要危害叶片，也可侵染果实和叶柄。一般树冠下部和内膛的叶片、果实最先发病。发病初期，叶片出现黑褐色小疱疹或针芒状暗褐色病斑，边缘不整齐，病健界限不清晰，后期病叶变黄脱落，但病斑周围仍然保持绿色，病斑表面有黑褐色的针芒状纹线和蝇粪样黑点。叶柄感病后，产生黑褐色长圆形病斑，常常导致叶片枯死。果实发病，在果面出现暗褐色斑点，逐渐扩大，形成圆形或椭圆形黑色病斑，表面下陷，有隆起小点。病斑果肉褐色，干腐，海绵状。分生孢子一年有 2 个活动高峰：第一高峰在 5 月中旬左右，导致春秋梢和叶片大量染病，严重时造成落叶；第二高峰在 8 月下旬左右，可再次加重秋梢发病的程度，造成大量落叶。春季苹果展叶后，雨水多、降雨早、雨日多，田间发病早，病叶率增长快。夏秋季有时短期无雨，但空气相对湿度大、高温闷热时，也利于病菌产生孢子和发病。

2）防控措施

（1）物理防控 合理修剪，注意排水，改善园内通风透光条件。秋冬季清扫果园内落叶及树上残留的病枝、病叶，深埋或烧毁。

（2）化学防控 5 月下旬至 6 月底是第一个全年防控关键时期，7 月是第二个全年防控关键时期。一般从 5 月中旬开始喷药，隔 15 天 1 次，共 3 ~ 4 次。常用药剂有波尔多液、戊唑醇、吡唑醚菌酯、代森锰锌等，请依据说明书使用。注意在幼果期避免喷用波尔多液，否则易产生果锈。

4. 花叶病毒病 苹果花叶病毒病在我国各个苹果产区都有发生，是一种发生较普遍的病毒病（彩图 38）。主要在叶片上形成各种类型的鲜黄色病斑，其症状变化很大，一般可分为 3 种类型。重花叶型：夏初叶片上出现鲜黄色后变为白色的大型褪绿斑区。轻花叶型：只有少数叶片出现少量黄色斑点。沿脉变色型：沿脉失绿黄化，形成一个黄色网纹，叶脉之间多小黄斑，而大型褪绿斑区较少。此外，有些株系产生线纹或环斑症状。严重时，不同类型的花叶病毒均可导致落叶。在自然条件下，各种类型症状多在同一病树上混合发生。各症状类型还有许多变化和中间类型，因而常常出现症状的多种组合。

1）发病规律

该病发生的轻重与树势强弱具有一定的相关性，树势强，该病发生轻。当气温 10 ~ 20℃、光照较强、土壤干旱及树势衰弱时，有利于症状显现。当条件不适宜时，症状可暂时隐蔽。主要通过嫁接传染，靠接穗或砧木传播。枝叶摩擦不传染。

2）防控措施

（1）物理防控　选择脱病毒苗木，或者无毒的接穗和砧木，加强对外调苗木的检疫工作。另外注意工具消毒，避免通过修剪环节造成病毒在树体之间的传播。对于发病的病株要做好标记，病树不多时可以考虑彻底刨除。由于病原可以在梨树上长期潜伏，因此要避免苹果和梨树混栽。

（2）农业防控　加强肥水管理。

（3）化学防控　发病初期按药品使用说明书喷施菌毒克吗胍乙酸铜能够起到一定防控效果。

5. 腐烂病　腐烂病主要危害枝干，病斑分为溃疡和枝枯 2 种类型（彩图 39）。溃疡型初期病部呈红褐色，水渍状，略隆起，病组织松软腐烂，常流出黄褐色汁液，有酒糟味。后期病部失水干缩，下陷，病部有明显的小黑点，潮湿时，从小黑点中涌出一条黄色的丝状或馒头状孢子角。枝枯型多发生在小枝、果台、干桩等部位，病部不呈水渍状，常呈现黄褐色与褐色交错的轮纹状斑，迅速失水干枯造成全枝枯死，上生黑色小粒点。果实受害，病斑暗红褐色，圆形或不规则形，有轮纹，呈软腐状，略带酒糟味，病斑中部常有明显的小黑点。

1）发病规律　主要以菌丝体、分生孢子器、分生孢子角和子囊壳在病树组织及残体内越冬，病菌可在病部存活 4 年左右。翌年分生孢子器内排出分生孢子，靠雨水飞溅传播，从伤口侵入。病菌具有潜伏浸染特性，当树体或其局部组织衰弱时，便会扩展蔓延。一般 3 ~ 5 月浸染，7 ~ 8 月开始发病，早春为发病高峰期，晚春后抗病力增强，发病锐减。在其他季节病害在树皮上以及木质部内会继续扩展，尤其是病菌在寄主组织内部的扩展，是病害经常复发的主要原因。

土壤有机质少，土壤板结或保水、保肥力差，根系生长不良，复合肥不足，偏施氮肥，结果过多，大小年严重，早期落叶等造成树势衰弱的果园，发病均较重，反之则轻。地势低洼、后期果园积水时间过长及贪青徒长、休眠期延迟而易受冻害果园，发病也重。北方周期性冻害，造成树体大面积树皮冻伤是腐烂病大范围流行的重要原因。

2）防控措施

（1）物理防控 ①修剪防病。改冬季修剪为早春修剪，在阳光明媚的天气修剪，避开潮湿天气，剪刀、锯一旦接触到病枝后，一定要喷修剪工具消毒液对工具进行消毒，修剪当天对剪锯口涂抹伤口愈合剂保护。②刮治病斑。无论任何季节，见到病斑要随见随治，越早越好。将病斑刮净后，对患处涂抹伤口愈合剂。

（2）农业防控 ①壮树防病。合理施肥，提倡秋施基肥，有机肥缺乏地区建议施用复合微生物菌肥。研究表明，苹果树腐烂病的发生量与树体内钾元素的含量有高度负相关关系：树体内钾含量越高，则病害发生越轻，钾含量达到1.3%时，对树皮接种腐烂病菌，也不能导致病害发生。②合理负载，及时疏花疏果，控制结果量。对容易发生冻害的地区，提倡落叶后对树体及主枝向阳面涂白。试验证明，树干向阳面涂白后，在14～15时天气最热时，白色表面与不涂药的树皮相比，周年温度能够降低9℃，这样能极大地减轻阳光对树皮的伤害。

（3）化学防控 苹果树发芽前（3月）和落叶后（11月）喷施铲除性药剂，药剂可选用45%代森胺水剂300倍液。生长季节针对其他病害进行喷药时，一定兼顾树干。

6. 轮纹病 轮纹病又叫粗皮病、轮纹烂果病，是我国苹果生产中枝干和果实的重要病害之一，大部分的苹果产区都有发生（彩图40），常与干腐病、炭疽病等混合发生。病菌侵染幼枝首先引起瘤状突起，随着侵染的继续，病瘤开裂，病瘤周边的皮层裂开翘起。病斑中央产生小黑点。当病害发生严重时，病斑连片发生，枝干表皮十分粗糙。被侵染的果实通常在近成熟期开始出现病斑，初期形成以皮孔为中心的水渍状的近圆形褐色斑点，随后很快向周围扩散，典型的病斑表面具有深浅相同的同心轮纹。病斑扩展引起果实腐烂。烂果有酸腐气味，有时渗出褐色黏液。

1）发病规律 苹果轮纹病病菌与苹果干腐病菌相似，以菌丝体和分生孢子器在枝干病部组织中越冬。春季由分生孢子器产生分生孢子，涌出灰白色孢子角。春雨中分生孢子分散、传播到枝干伤口、皮孔和果实皮孔附近，产生芽管侵入树体，然后潜伏。带菌果并不发病，待近成熟期和储存期发病。病菌以菌丝体、分生孢子器在病组织内越冬，是初次侵染和连续侵染的主要菌源。于春季开始活动，随风雨传播到枝条上。在果实生长初期，因为有各种保护机制，病菌无法侵染。在果实膨大期之后，病菌均能侵入，其中 7 月中旬到 8 月上旬侵染最多。侵染枝条的病菌，一般从 5 月开始从皮孔侵染，并逐步以皮孔为中心形成新病斑，翌年病斑继续扩大，形成病瘤，多个病瘤连成一片则变成粗皮。

2）防控措施

（1）物理防控　铲除越冬菌源。在早春刮除枝干上的病瘤及老翘皮，清除果园的残枝落叶，集中烧毁或深埋。刮除病瘤后要涂药杀菌；修剪落地的枝干要及时彻底清理；结合使用涂干剂、病斑治疗剂和剪锯口保护剂等各种保护剂防止菌源扩散。不要使用树木枝干做果园围墙篱笆；不要使用带皮木棍做支棍和顶柱。田间果实开始发病后，注意摘除病果深埋。果实储藏运输前，要严格剔除病果以及其他有损伤的果实。

（2）农业防控　加强栽培管理。建园时选用无病苗木，定植后经常检查，发现病苗及时淘汰；平衡施肥，增加树体抗病能力；合理疏果，严格控制负载量。

（3）化学防控　生长期喷药保护：可选用波尔多液、甲基硫菌灵、苯醚甲环唑、代森锰锌、多菌灵、氟硅唑、戊唑醇等，根据情况选择以上药剂并交替使用。对不套袋的果实，苹果谢花后立即喷药，每隔 15 ~ 20 天喷药 1 次，连续喷 5 ~ 8 次。在多雨年份以及晚熟品种上可适当增加喷药次数。对套袋果实，防控果实轮纹病的关键在于套袋之前用药。谢花后和幼果期可选择喷施质量好的有机杀菌剂，禁止喷施代森锰锌和波尔多液等药剂。对于幼树，以保护枝干为主，在春季和夏季分别在主干涂抹高浓度石硫合剂和波尔多液。

7. 霉心病　霉心病又称心腐病、果腐病，主要危害果实，造成果实心腐和早期脱落（彩图 41）。果实受害从心室开始，逐渐向外扩展霉烂。病果果心变褐，充满灰绿色的霉状物，有时为粉红色霉状物。在储藏过程中，当果心霉烂发展严重时，果实可见水渍状、褐色、形状不规则的湿腐斑块，斑块可彼此相连成片，最后全果腐烂，果肉味苦。病果在树上偶有果面发黄、果形不正或着色较早的现象，但一般症状不明显，不易发现。

1）发病规律　霉心病菌大多是弱寄生菌，目前已发现的有 20 余种，需要多种药剂联合防控。侵染途径复杂，主要有果实发育期沿萼筒侵染和花期沿柱头向心室侵染 2 种途径。侵染周期比较长，从花期到果实成熟期均可侵染。北斗和元帅系苹果品种发病较重，金冠、富士和嘎啦发病较轻。储藏期温度在 10℃ 以上病果率高。

2）防控措施

（1）物理防控　加强栽培管理，随时摘除病果，搜集落果，秋季翻耕土壤，冬季剪去树上各种僵果、枯枝等，均有利于减少菌源。

（2）化学防控　盛花期和末花期喷施药剂防控是目前最有效的防控方法，药剂以多抗霉素、中生菌素和噻霉酮为佳。最新发现表明，腐生螨由于个体较小，可以携带病菌沿萼筒侵入苹果心室，继而引发霉心病。在谢花后喷施杀螨剂是防控霉心病的另一有效措施，药剂可选用螺虫乙酯和螺螨酯等。

8. 苹果炭疽叶枯病　苹果炭疽叶枯病是 2011 年才在我国正式报道的一种苹果新病害（彩图 42）。田间观察发现，由炭疽病菌引起的苹果叶枯病初期症状为黑色坏死病斑，病斑边缘模糊。病斑分为急性病斑和慢性病斑 2 种。一种在高温、高湿条件下形成急性病斑，病斑扩展迅速，1 ~ 2 天可蔓延至整张叶片，使整张叶片变黑坏死。发病叶片失水后呈焦枯状，随后脱落。另一种当环境条件不适宜时形成慢性病斑，病斑停止扩展，在叶片上形成大小不等的枯死斑，病斑周围的健康组织随后变黄，病重叶片很快脱落。

1）发病规律　一般情况下苹果炭疽病菌以菌丝体在病僵果、干枝、果台和有虫害的枝上越冬，5 月条件适宜时产生分生孢子，成为初侵染源。病原孢子借雨水和昆虫传播，经皮孔或伤口侵入叶片、果实。可多次侵染，潜育期一般 7 天以上。最早于 7 月开始发病，发病高峰主要出现在 7 ~ 8 月连续阴雨期。苹果自 7 月 15 日开始大量落叶，并大面积暴发。苹果炭疽叶枯病主要危害嘎啦、金冠、秦冠和乔纳金等品种，富士、红星等品种高度抗病。苹果炭疽叶枯病主要危害叶片，并导致大量落叶，管理粗放的果园发生严重。

2）防控措施

（1）农业防控　种植抗病品种。尤其是新建园尽量选择不易感病的果树品种，并实行起垄栽培。富士系品种抗病，连年发病较重地区可以对感病品种高接换头。

（2）物理防控　彻底清理果园，清扫残枝落叶、刮除枝干病原销毁。喷施功能性液肥，强壮树势，阻止病菌传播扩散，提高树体抗病能力。防止果园郁闭。果园雨季应注意排水，防止雨水长期在果园积水。

（3）化学防控　要采用治疗药剂和保护药剂交替使用，避免产生抗药性，治疗性杀菌剂包括25%吡唑醚菌酯、75%肟菌·戊唑醇水分散粒剂、50%咪鲜胺可湿性粉剂等，保护性杀菌剂包括1∶2∶200波尔多液、70%代森水分散粒剂等。3月喷1遍高浓度的波尔多液；7月以后以波尔多液为主，中间交替使用保护性杀菌剂和内吸性杀菌剂。

9. 苹果锈病　苹果锈病又称赤星病，可引起苹果树落叶、落果和嫩枝折断，我国各苹果产区均有发生（彩图43）。该病是转主寄生病害，只在有转主寄主的地区或城市郊区发病才比较重。此病主要危害叶片，也能危害嫩枝、幼果和果柄。叶片初患病正面出现油亮的橘红色小斑点，逐渐扩大，形成圆形橙黄色的病斑，边缘红色（图3-9）。发病严重时，一张叶片出现几十个病斑。发病1～2周后，病斑表面密生鲜黄色细小点粒。叶柄发病，病部橙黄色，稍隆起，多呈纺锤形，初期表面产生小点状性孢子器，后期病斑周围产生毛状的锈孢子器。新梢发病，刚开始与叶柄受害相似，后期病部凹陷、皲裂、易折断。幼果染病后，靠近萼洼附近的果面上出现近圆形病斑，初为橙黄色，后变黄褐色，直径10～20毫米。病斑表面也产生初为黄色、后变为黑色的小点粒，其后在病斑四周产生细管状的锈孢子器，病果生长停滞，病部坚硬，多呈畸形。嫩枝发病，病斑为橙黄色，梭形，局部隆起，后期病部皲裂。病枝易从病部折断。

1）发病规律　苹果锈病菌在桧柏上危害小枝，即以菌丝体在菌瘿中越冬。第二年春天形成褐色的冬孢子角。冬孢子柄被有胶质，遇雨或空气极度潮湿时即膨大，冬孢子萌发产生大量担孢子，随风传播到苹果树上。锈菌侵染苹果树叶片、叶柄、果实及当年新梢等，形成性孢子器和性孢子、锈孢子器和锈孢子。锈孢子成熟后，随风传播到桧柏上，侵害桧柏枝条，以菌丝体在松柏发病部位越冬。

2）防控措施

（1）物理防控　在苹果主产区，可由政府部门颁布有关文件，禁止在苹果园、梨园、山楂等果园周围10千米内种植桧柏，禁止设置桧柏树苗的育苗圃。

（2）化学防控　①喷药保护。防控锈病的重点是果树萌芽后的第一和第二次的大降雨（超过10毫米）中侵染的病菌，用药1～2次即可。可用20%三唑酮（粉锈宁）可湿性粉剂1000～1500倍液，或50%甲基硫菌灵可湿性粉剂600～800倍液，或40%氟硅唑乳油8000倍液喷雾防治。苹果锈病主要发生在苹果萌芽后的60天内，即4～5月，6月中旬以后锈病菌不再侵染。②喷药治疗。锈病菌侵入苹果叶片后的 5 天内喷施内吸性杀菌剂能有效控制入侵病菌扩展与发病，喷药时期越晚防治效果越差。

10. 苹果黑点病　苹果黑点病主要在苹果果实皮孔部位形成浅层小黑点，影响苹果外观和经济价值（彩图 44）。在果面上产生圆形或近圆形褐色斑点，后期上面长出黑色小粒点。病斑形状不规则，稍凹陷，果肉稍有苦味，周围有红色晕圈，与苹果痘斑病相似。病斑上长出的小黑点为病菌的分生孢子座或菌丝结。在果实成熟期和储藏期形成分生孢子器。果实发病初期围绕皮孔，出现深褐色至黑褐色或墨绿色病斑，病斑大小不一，小的似针尖状。

1）发病规律　苹果黑点病多发生在套袋果实上。病菌在受害果及病落叶上越冬。翌春受害果腐烂，表面着生小黑点，即病菌子座，子囊壳产生孢子传播侵染。被害落叶在翌春也可产生很多孢子进行侵染危害。苹果感染盛期在落花后 10 ~ 30 天，病斑在 7 月初开始出现，病害潜育期为 40 ~ 50 天。

2）防控措施

（1）物理防控　补充钙肥，提高果实抗病能力，成龄果园每亩地在萌芽前施入 80 千克农用硝酸铵钙。

（2）化学防控　萌芽前树体喷 5 波美度石硫合剂或 70% 甲基硫菌灵可湿性粉剂 500 倍液。苹果花开 30% 和 90% 时各喷 1 次杀菌剂，有很好的防控作用。北方地区如花期遇到下雨天，可于落花后喷药 1 次。可用 70% 甲基硫菌灵可湿性粉剂 1 000 倍液与 50% 异菌脲可湿性粉剂 1 000 倍液，或 3% 多抗霉素可湿性粉剂 300 倍液混配，喷雾防治。研究表明，乱跗线螨危害可引起黑点病，在套袋前喷药时混配螨类驱避剂或杀螨剂。

（二）苹果虫害防控技术

苹果上的害虫有 78 种，常发害虫 20 余种。危害叶、芽、花的约 50 种，枝干的 10 余种，果实的 7 种，地下 10 余种。现将常见害虫防治方法介绍如下。

1. 桃小食心虫　桃小食心虫属鳞翅目蛀果蛾科，又名桃蛀果蛾。该虫以幼虫蛀食果实，蛀果孔口流出白色胶状物（彩图 45）。幼虫在果内纵横窜食，使果面凹凸不平，造成"猴头果"。后期幼虫排粪增多，充斥果内，造成"豆沙馅"。

1）形态特征　成虫体灰白色，雌虫体长约 7 毫米，雄虫略小。前翅前缘中部有一蓝黑色三角形大斑，翅基和中部有 7 簇黄褐或蓝褐色斜立鳞毛。卵圆筒形，深红色，卵壳端部 1/4 处环生 2 ~ 3 圈 Y 形突起。老熟幼虫体长约 15 毫米，桃红色，无臀栉。蛹长约 7 毫米，淡黄褐色。越冬茧扁椭圆形，蛹化茧纺锤形。

2）发生规律　桃小食心虫 1 年发生 1 代，部分个体 2 代，以老熟幼虫在 3 ~ 13 厘米深的土壤中做扁圆形冬茧越冬。翌年 6 月越冬幼虫出土，在地表土块、落叶等底下做椭圆形夏茧化蛹，蛹期约 14 天，6 月下旬至 7 月上旬蛹开始羽化成虫。成虫羽化后很快交配产卵，卵产在果实的花萼处。初孵幼虫在果面上短暂爬行，寻觅适当部位，啃咬果皮钻入果内。幼虫在果内危害 20 ~ 25 天后脱果入土做茧越冬。

3）防控措施

（1）农业防控　果实套袋，摘除虫果。

（2）化学防控　从 5 月中旬开始在树上悬挂桃小食心虫性引诱剂诱捕器，当性引诱剂诱捕器连续 3 天诱捕到雄蛾时开始地面防治。可使用 50% 辛硫磷乳油 500 倍液喷洒地面，然后耙松土表，20 天后再喷施 1 次。当性诱剂诱捕器诱蛾出现高峰时开始树上喷药，连喷 2 次。常用的药剂有 200 克 / 升氯虫苯甲酰胺悬浮剂 3 000 ~ 4 000 倍液、20% 氟苯虫酰胺水分散粒剂 2 500 ~ 3 000 倍液、4.5% 高效氯氰菊酯乳油 1 500 ~ 2 000 倍液、5% 高效氯氟氰菊酯乳油 1 500 ~ 2 000 倍液等。

2. 梨小食心虫　梨小食心虫属鳞翅目卷蛾科，又名梨小蛀果蛾，简称梨小（彩图 46）。前期危害嫩梢，后期危害果实。幼虫在嫩梢髓内蛀食，使被害梢枯死、折断。幼虫蛀入果实内取食果肉，并深入果心，食害种子。幼虫从蛀孔内排出大量虫粪，引起虫孔周围腐烂变褐。

1）形态特征　成虫体长 6 ~ 7 毫米。前翅黑褐色，前线有 7 ~ 10 组白色短线纹，翅外绕中部有一灰白色小斑点，近外缘处有 10 个黑色小斑。卵近圆形，扁平稍隆起，淡黄白色。老熟幼虫体长约 12 毫米，体背面淡红色。头浅褐色，前胸背板黄白色，有臀栉。蛹长约 6 毫米，黄褐色。

2）发生规律　梨小食心虫在北方果园一年发生 3 ~ 4 代，以老熟幼虫在树干翘皮下、剪锯口等处结茧越冬。翌年越冬代成虫在 4 月中下旬羽化，越冬代和第一代成虫主要产卵在果树嫩梢上，最喜欢危害桃梢，第一代和第二代幼虫蛀食果树嫩梢；未套袋果园第三代和第四代幼虫主要蛀食果实，而套袋果园仍然危害果树嫩梢。

3）防控措施　果实套袋是预防梨小食心虫危害最经济、最环保有效的措施。对未套袋的果园，一定要采取下列综合防控措施控制其对果实的危害。

（1）物理防控　早春刮树皮，消灭在树皮下和缝隙内跃动的幼虫；秋季幼虫越冬前，在树干上绑缠诱虫带诱杀越冬幼虫；春季及时剪除被害桃梢，只要发现嫩梢端部的叶片萎蔫，就要及时剪掉；随时摘除虫果，并捡拾落地虫果。诱杀成虫。春季用糖醋液诱杀成虫，或用诱虫灯诱杀成虫。树上挂迷向丝干扰交配。

（2）生物防控　在成虫产卵前释放赤眼蜂。

（3）化学防控　在成虫羽化高峰期喷药防治初孵幼虫，有效药剂有氯虫苯甲酰胺、氟苯虫酰胺、高效氯氰菊酯、甲氰菊酯、高效氯氟氰菊酯等。

3. 苹果黄蚜　苹果黄蚜属半翅目芽科，学名绣线菊蚜，又名苹叶芽虫（彩图47）。此虫分布极其广泛，寄主有苹果、绣线菊、海棠、木瓜、麻叶绣球、榆叶梅、樱花、山楂等。以成蚜和若蚜刺吸嫩叶和嫩梢的汁液，叶片被害后向背面横卷，影响新梢生长及树体发育。

1）形态特征　无翅胎生雌蚜体长约1.6毫米，长卵圆形，多为黄色。有翅胎生雌蚜体长约1.5毫米，近纺锤形。无翅若蚜体肥大，腹管短。有翅若蚜胸部较发达，具翅芽。卵椭圆形，长0.5毫米，初淡黄色，后漆黑色，具光泽。

2）发生规律　苹果黄蚜一年发生十多代，以卵在枝杈、芽旁及枝干皮缝处越冬。翌春寄主萌动后越冬卵孵化为干母，4月下旬于芽、嫩梢、新叶的背面危害十余天即发育成熟，开始进行孤雌生殖直到秋末，只有最后一代进行两性生殖。5月下旬至6月繁殖最快，是虫口密度迅速增长的危害严重期。7～9月雨季虫口密度下降，10月开始无翅产卵雌蚜和有翅雄蚜交配产越冬卵。

3）防控措施

（1）物理防控　果树休眠期喷施5%矿物质乳剂或3～5波美度石硫合剂，杀灭越冬卵。

（2）化学防控　在虫口密度较大而天敌较少时，可喷施吡虫啉、啶虫脒、烯啶虫胺、氟啶虫胺腈、吡蚜酮等药剂进行防治。

（3）生物防控　保护利用天敌。蚜虫的天敌主要有瓢虫、草蛉和食蚜蝇等，尤其是在我国中南部小麦产区，麦收后麦田的瓢虫、草蛉等蚜虫天敌大量转移到果园，成为抑制蚜虫发生的主要因素，此时应减少果园喷药，以保护这些天敌。

4. 苹果绵蚜　苹果绵蚜属半翅目棉蚜科，该虫为国内检疫对象（彩图48）。除危害苹果外，还危害花红、海棠。苹果棉蚜群聚危害枝、干和根，主要集中在剪锯口、病虫伤疤周围、主干主枝裂皮缝里、枝条叶柄基部和浅根处。被害部位大都形成肿瘤，肿瘤易破裂，其上披覆许多白色棉毛状物，易于识别。

1）形态特征　无翅胎生雌蚜长 2 毫米左右，体红褐色，头部无额瘤，复眼暗红色，腹部背面覆盖白色棉毛状物。有翅胎生雌蚜体长较无翅胎生雌蚜稍短，头、胸部黑色，腹部暗褐色，覆盖棉毛状物少些，翅透明，前翅中脉分叉。有性雌蚜体长约 1 毫米，头和足黄绿色，腹部红褐色，稍有棉毛状物。卵长约 0.5 毫米，椭圆形。

2）发生规律　苹果绵蚜一年发生十多代，以一、二龄若蚜在枝干裂缝、伤疤、剪锯口、枝芽侧以及根颈基部越冬。翌年 4 月气温达 9℃ 时，越冬若虫开始活动，5 月上旬开始扩散，以孤雌胎生的方式大量繁殖无翅雌蚜。5 月下旬至 7 月上旬为全年繁殖高峰期。7～8 月气温较高，不利于苹果绵蚜繁殖，种群数量下降。9 月下旬以后苹果绵蚜数量又回升。苹果绵蚜还危害根部，浅层根上蚜量大。

3. 防控措施

（1）物理防控　发现苗木和接穗有虫时，用 80% 敌敌畏乳油 1 500 倍液浸泡 2～3 分，或用溴甲烷熏蒸处理苗木、接穗及包装材料。

（2）生物防控　保护利用自然天敌。喷药时尽量选择对天敌毒性小的药剂，果园种草招引天敌。

（3）化学防控　少量发生时挑治，蚜株率 30% 以上需全园防治。防治适期在越冬若虫出蛰盛期（4 月中旬）和第一代、第二代苹果绵蚜迁移期（5 月下旬至 6 月初）。毒死蜱为目前树上防控的最佳药剂。地下防控选用绵蚜净药剂，每 50 克药剂可用于 20 棵成龄树，加入适量水搅拌均匀后平均浇灌到根茎部，时间以雨季最佳。

5. 山楂叶螨　山楂叶螨属蛛形纲真螨目叶螨科，又名山楂红蜘蛛（彩图 49）。以成螨、若螨和幼螨刺吸芽、叶、果的汁液，初期叶表面出现失绿斑点，后发展成失绿斑块，叶脉两侧出现大块黄斑，呈焦枯状，可造成大量落叶，使树势衰弱造成减产。

1）形态特征　雌成螨体长约 0.5 毫米，宽约 0.3 毫米，体椭圆形，深红色，体背前方隆起；雄成螨体长约 0.4 毫米，宽约 0.2 毫米，体色橘黄色，身体末端尖削，体背两侧有两条黑斑纹。卵橙黄色至橙红色，圆球形，直径约 0.15 毫米。卵多产于叶背面，常悬挂于蛛丝上。幼螨乳白色，足 3 对。若螨卵圆形，足 4 对，橙黄色至翠绿色。

2）发生规律　山楂叶螨在华北地区 1 年发生 5～10 代，以受精雌成螨在树皮裂缝、伤疤中和主枝分杈褶皱处越冬。也可在根茎附近土层内、土石块下、落叶丛中及芽外茸毛间越冬。翌年 4 月上旬，越冬雌成螨出蛰并逐渐转移至芽上危害。苹果盛花期前后为第一代卵高峰期，花后 7 ～ 10 天为第一代幼螨孵化盛期，花后 25 ～ 30 天为第二代幼螨孵化盛期，以后世代重叠现象严重。该螨在叶片背面拉丝结网，隐于网下取食危害。

3）防控措施

（1）物理防控　诱杀越冬虫源。树干光滑的果树，在越冬雌成螨进入越冬场所之前（9 月），于树干上绑诱虫带诱集越冬雌成螨；休眠期刮除老翘皮，破坏越冬场所。

（2）生物防控　保护利用天敌。果园内尽量不喷广谱性杀虫杀螨剂。果园内生草招引并培育天敌。人工释放捕食螨。

（3）化学防控　药剂防控的 3 个关键时期为越冬雌成螨出蛰盛期（花芽露红期）、落花后 7 ～ 10 天（第一代幼螨孵化期）和麦收前后。当平均每片叶活动螨量超过 4 头时，及时喷药防治，有效药剂有螺虫乙酯、哒螨灵、螺螨酯、乙螨唑、噻螨酮和四螨嗪等杀螨剂。

6. 苹果全爪螨　苹果全爪螨属蛛形纲叶螨科，又名苹果红蜘蛛，是世界性果树害螨（彩图 50）。寄主主要有苹果、梨、花红、桃、李、樱桃、桃、葡萄等果树。以成螨、若螨、幼螨刺吸芽、叶片，受害初期出现灰白色斑点，严重时叶片枯黄，但不落叶。

1）形态特征　雌成螨体长约 0.45 毫米，体圆形，深红色，背部显著隆起，有粗大背毛 26 根，着生于黄白色毛瘤上。雄成螨体长约 0.3 毫米，体后端尖削似草莓状，深橘红色。幼螨足 3 对，橘红色或深绿色。若螨足 4 对，体型似成螨，葱头状，顶端有刚毛状柄，越冬卵深红色，夏卵橘红色。

2）发生规律　苹果全爪螨一年发生 6 ～ 7 代。以卵在短果枝、果台和 2 年以上的枝条背面越冬，发生严重时主侧枝、主干上都有越冬卵。翌年春天苹果花芽膨大期，越冬卵开始孵化。越冬卵孵化期比较集中，一般 2 ～ 3 天大多数卵可孵化，苹果盛花期至落花期为成螨发生盛期，落花后 7 天为第一代成螨产卵高峰期。6 月上旬发生第二代成螨，以后各世代重叠。6 ～ 7 月是全年发生危害高峰。7 月下旬以后，由于高温高湿，虫口密度显著下降。8 ～ 10 月产卵越冬。苹果全爪螨成螨较活泼，很少吐丝结网，多在叶片正面取食危害，有时亦爬到叶背面危害。

3）防控措施

（1）生物防控　人工释放巴氏新小绥螨、植绥螨或胡爪钝绥螨等捕食螨；保护果园内自然天敌，如捕食螨、塔六点蓟马、小花蝽等。

（2）化学防控　早春果树发芽前，喷施 3～5 波美度石硫合剂或 5% 矿物油乳剂，发芽后至卵孵化前可以喷施噻螨酮或四螨嗪，消灭越冬卵。果树生长期当每叶平均达 5～6 头活动螨时，及时喷施杀螨剂。保护天敌的方法及药剂种类参考山楂叶螨防治措施。

7. 二斑叶螨　二斑叶螨属蛛形纲叶螨科，又名二点叶螨、普通叶螨、白蜘蛛（彩图51）。可危害苹果、梨、桃、杏、李、樱桃、葡萄以及农作物和近百种杂草。二斑叶螨的成螨、幼螨和若螨均在叶片背面吸取汁液，造成叶片出现成片的小的白色失绿斑点。危害严重时，叶片呈焦煳状，在叶片正面或枝杈处结一层白色丝绢状的丝网。

1）形态特征　雌成螨生长季节为白色，体背两侧各具 1 块黑色长斑，取食后呈浓绿、褐绿色；当密度大或种群迁移前，体色变为橙黄色。雌成螨近卵圆形，多呈绿色。卵球形，光滑，初产为乳白色，渐变橙黄色。幼螨初孵时近圆形，白色，取食后变暗绿色，眼红色，足 3 对。若螨近卵圆形，足 4 对，体背出现色斑，与成螨相似。

2）发生规律　二斑叶螨北方苹果产区一年发生 7～15 代，以受精雌成螨在树皮裂缝、老翘皮及地面落叶、杂草、根际土缝内潜藏越冬。翌年苹果萌芽期，树下越冬雌成螨开始出蛰，首先在地下杂草危害繁殖，近麦收时才开始上树危害。上树后先集中在内膛危害，6 月下旬开始扩散，7 月危害最烈。在高温季节，二斑叶螨 8～10 天即可完成一个世代。与山楂叶螨相比，其繁殖力更强。

3）防控措施

（1）物理防控　诱杀越冬虫源。树干光滑的果园，在越冬雌螨进入越冬场所之前（9 月），于树干上绑诱集带诱集越冬雌成螨。刮除粗老翘皮，清除落叶和杂草进行深埋。

（2）生物防控　保护利用天敌　人工大量释放捕食螨等天敌进行防控。

（3）化学防控　当二斑叶螨数量多时，麦收前针对地面杂草喷施阿维菌素；当树上平均每叶上二斑叶螨数量达到 10 头时，需要喷施螺螨酯、唑螨酯、联苯肼酯、乙螨唑、阿维菌素或哒螨灵等杀螨剂。

8. 绿盲蝽　绿盲蝽属半翅目盲蝽科（彩图52）。全国大部分地区均有发生，寄主范围很广。以成虫和若虫刺吸植物幼嫩器官的汁液。被害幼叶最初出现细小黑褐色坏死斑点，叶长大后形成无数孔洞；新梢生长点被害呈黑褐色坏死斑；幼果被害，产生小黑斑。

1）形态特征　成虫体长 5 ~ 5.5 毫米，宽 2.5 毫米，长卵圆形，全体绿色，头宽短，复眼黑褐色。前胸背板深绿色，密布刻点。小盾片三角形，黄绿色。前翅革片为绿色，革片端部与楔片相接处略呈灰褐色，楔片绿色，膜区暗褐色。卵黄绿色，长口袋形，长约 1 毫米。若虫共 5 龄，体形与成虫相似，全体鲜绿色。

2）发生规律　绿盲蝽在北方 1 年发生 4 ~ 5 代，以卵在果树的皮缝、芽眼间、剪锯口的髓部、杂草或浅层土壤中越冬。翌年 4 月中旬开始孵化，4 月下旬是越冬卵孵化盛期，5 月上中旬为越冬代成虫羽化高峰。初孵若虫集中危害嫩芽、幼叶和幼果。成虫寿命长，产卵期持续 1 个月左右。第一代发生较整齐，以后世代重叠严重。成虫、若虫均比较活泼，爬行迅速，具很强的趋嫩性，成虫善飞翔。成虫、若虫多白天潜伏在树下草丛中或根蘖苗上，清晨和傍晚上树危害芽、嫩梢和幼果。

3）防控措施

（1）搞好果园卫生　苹果树萌芽前，彻底清除果园内及其周边的枯枝落叶、杂草等。

（2）果实套袋　在 5 月下旬至 6 月初套袋，可防止该虫危害果实。

（3）化学防控　苹果树落花后 10 ~ 15 天是树上喷药防治的关键，常用有效药剂有氟啶虫胺腈、高效氯氰菊酯、高效氯氟氰菊酯、甲氰菊酯、吡虫啉、啶虫脒等。喷药时，需连同地面杂草、行间作物一起喷洒，在早晨或傍晚喷药效果较好。

9. 康氏粉蚧　康氏粉蚧属半翅目粉蚧科，别名桑粉蚧、梨粉蚧、李粉蚧（彩图53）。以若虫和雌成虫刺吸芽、叶、果实、枝及根部的汁液，嫩枝和根部受害常肿胀且易纵裂而枯死。幼果受害多成畸形果。排泄蜜露常引起煤污病发生，影响光合作用。

1）形态特征　雌成虫椭圆形，较扁平，体长约 4 毫米，粉红色，体被白色蜡粉，体缘具 17 对白色蜡刺，腹部末端 1 对蜡刺几乎与体长相等。雌成虫体紫褐色，体长约 1 毫米，翅展约 2 毫米，翅 1 对，透明。卵椭圆形，浅橙黄色，卵囊白色絮状。若虫椭圆形，扁平，淡黄色。蛹淡紫色，长约 1.2 毫米。

2）发生规律　康氏粉蚧 1 年发生 3 代，以卵囊在树干和枝条的缝隙内及土壤缝隙等处越冬。翌年果树发芽时，越冬卵孵化为若虫，在树皮缝隙内或爬至树梢上刺吸危害。第一代若虫发生盛期在 5 月中下旬，第二代为 7 月中下旬，第三代在 8

月下旬。雌雄交尾后，雌成虫爬到树干粗皮裂缝内或果实萼洼、梗洼等处产卵。产卵时，雌成虫分泌棉絮状蜡质卵囊，在囊内产卵，每雌成虫可产卵200～400粒。康氏粉蚧属活动性蚧类，除产卵期的成虫外，若虫、雌成虫皆能随时变换危害场所。该虫具趋阴性，苹果套袋后，若虫能通过袋口缝隙钻入袋内，对果实进行危害。

3）防控措施

（1）物理防控　入秋后，在树干上绑缚诱虫带诱集产卵成虫；发芽前刮除枝干粗皮、翘皮，破坏害虫越冬场所。在害虫上树危害之前，涂抹粘虫胶。

（2）化学防控　套袋果园的关键是搞好第一代若虫防控，套袋前喷施1遍药剂，第二代若虫期和第三代若虫期根据虫情确定是否喷药。常用有效药剂有噻虫嗪、氟啶虫胺腈、螺虫乙酯、啶虫脒、吡虫啉、甲氰菊酯等。

10. 金纹细蛾　金纹细蛾属鳞翅目细蛾科，又名苹果细蛾（彩图54）。寄主有苹果、海棠、梨、李等果树。以幼虫从叶背潜食叶肉，形成椭圆形的虫斑，表皮皱缩，呈筛网状，叶背拱起，虫斑内有黑色虫粪。严重时，布满整个叶片，导致早期落叶。

1）形态特征　成虫体长约3毫米，体金黄色，其上有银白色细纹，头部银白色，顶端有两丛金黄色鳞毛。前翅金黄色，自基部至中部中央有1条银白色剑状纹，翅端前缘有4条、后缘有3条银白色纹，呈放射状排列；后翅披针形，缘毛很长。卵扁椭圆形，乳白色，半透明。老熟幼虫体长约6毫米，呈纺锤形，稍扁。幼龄时体淡黄色，老熟后变黄色。蛹体长约4毫米，黄褐色。

2）发生规律　金纹细蛾1年发生4～5代，以蛹在被害的落叶内过冬。翌年4月初苹果发芽开绽期为越冬代成虫羽化盛期。雌成虫产卵部位多集中在发芽早的苹果品种上幼嫩叶片背面茸毛下，卵单粒散产，卵期7～13天。幼虫孵化后从卵底部直接钻入叶片中，潜食叶肉，致使叶背被害部位仅剩下表皮，叶背面表皮凸起皱缩，外观呈泡囊状，被害部内有黑色粪便。幼虫老熟后就在虫斑内化蛹。8月是全年中危害最严重的时期，当叶片有10～12个斑时，会导致叶片脱落。

3）防控措施

（1）物理防控　落叶后至发芽前，彻底清除果园内外的落叶，集中销毁，消灭落叶中的越冬蛹，这是防治金纹细蛾最有效的措施。

（2）化学防控　往年发生严重的果园，应重点抓住第一和第二代幼虫发生初期及时喷药。具体喷药时间可利用金纹细蛾性诱剂诱捕器进行测报，在成虫盛发高峰后5天左右进行喷药。有效药剂有灭幼脲、除虫脲、甲氧虫酰肼和阿维菌素等。

四、果园环境友好管理技术

果园环境主要包括空气环境质量、农田灌溉水质量和土壤环境质量，本章介绍的是肥水管理技术和苹果园铺设园艺地布保墒除草技术等果园环境友好管理技术。

（一）肥水管理技术

河南区域的果园土壤有机质含量较低，一般低于1%，加之干旱少雨，在土壤管理上应以提升土壤有机质和地面覆盖保墒等技术措施为主，如增施有机肥和种植绿肥。建园时结合深翻改土，尽量多地施入有机肥和其他有机物料，同时混合施入一定量的微生物肥料和矿物源微量元素肥料。

为持续提升土壤有机质含量，人工种草是目前最有效的措施之一，种植时间以9月最佳，草种可选用黑麦草、高羊茅和毛叶苕子（图4-1），当草高度达20～30

图 4-1　果园种植绿肥

厘米时应及时刈割或碾压。除此以外，还可覆盖其他有机物，将作物秸秆、苹果枝条等有机物粉碎后直接覆盖树盘（距主干 20 厘米以外）或行间，厚度 20 厘米，并适量压土，注意防火（图 4-2）。

图 4-2　作物秸秆覆盖

1. 肥料管理　肥料管理每年按照春季萌芽前施肥、6 月初追肥、7～8 月追肥和采果后施基肥 4 个时期进行。

追肥方法采用环状、放射状沟施穴施或追肥枪施、叶面喷施等，有条件的果园采用水肥一体化施肥技术。基肥宜采取放射状或条状沟施，也可撒施。

1）幼树和初结果树施肥量　幼树按树龄每株施入农家肥 15～20 千克。初果树每株施农家肥 25～50 千克，追施磷酸二铵 0.5 千克、硫酸钾 0.7 千克。

2）盛果树施肥量

（1）基肥施用技术　基肥以有机肥为主，辅以施入适量化肥。有机肥种类较多，主要包括豆制品（豆粕和豆饼类）、生物有机肥、畜禽粪便（羊粪、牛粪和猪粪等）、沼液、沼渣、作物秸秆和商品有机肥等，根据当地情况选用。秋季施肥最适宜的时间是 9 月中旬到 10 月中旬，即中熟品种采收后（图 4-3）。对于晚熟品种如红富士，建议采收后马上施肥、越快越好。

有机肥施肥量一般按照产量进行，原则上"斤果斤肥"，有条件的可加倍施入，牛羊粪等不低于 2 000 千克/亩。如采用优质生物肥，亩可施 500 千克以上；饼肥，亩可施 200 千克以上；腐殖酸，亩可施 200 千克以上。施用方法采取沟施或穴施，沟施时沟宽 30 厘米左右、长度 50 ～ 100 厘米、深 40 厘米左右,分为环状沟(图 4-4)、放射状沟以及株(行)间条沟。穴施时根据树冠大小,每株树 4 ～ 6 个穴,穴的直径和深度为 30 ～ 40 厘米。每年在交换位置挖穴,穴的有效期为 3 年。施用时要将有机肥等与土充分混匀。有机肥要提前进行腐熟,避免直接施用鲜物。

图 4-3　秋季施肥

图 4-4　环状沟施肥

根据国家苹果产业技术体系研究,基肥中化肥如果采用复合肥的,建议配方为 16:15:14(或相近平衡配方),每 1 000 千克产量用 20 千克。中微量元素肥料类型和用量:根据外观症状,亩施用硫酸锌 1 ～ 2 千克、硼砂 0.5 ～ 1.5 千克,基肥的施用时期和方法与有机肥相同。

（2）3月中旬钙肥的施用　在3月中旬到4月中旬施1次钙肥，亩施硝酸铵钙20～40千克，尤其是苦痘病、裂纹等缺钙严重的果园。

（3）第一次膨果肥的施用　在果实套袋前后即6月初进行。复合肥配方和用量建议为20∶5∶15（或相近高氮中高钾配方），每1 000千克产量用16千克左右。

（4）第二次膨果肥的施用　7月到8月进行。复合肥配方和用量建议配方为16∶6∶26（或相近中氮高钾配方），每1 000千克产量用12千克左右。

2.叶面肥的使用　果园在生产过程中根据需要喷施相关叶面肥，具体使用方法参考表4-1。

表4-1　苹果叶面肥使用

时期	种类和浓度	作用	备注
萌芽前	锌肥1%～2%	矫正小叶病	主要用于缺锌果园
萌芽后	锌肥0.3%～0.5%	矫正小叶病	出现小叶时用
花期	硼肥0.3%～0.4%	提高坐果率	可连续喷2次
新梢旺长期	铁肥0.1%～0.2%	缺铁黄叶病	可连续喷2～3次
5～6月	硼肥0.3%～0.4%	防控缩果病	
	钙肥0.3%～0.5%	防控苦痘病，提高品质	套袋前3～4次
落叶前	锌肥0.3%～1%	增加储藏营养，预防生理病害	用于早期落叶、不落叶和缺锌缺硼果园，浓度前低后高，间隔7天，连喷3次
	硼肥0.3%～1%		
	尿素1%～10%		

3.水分管理　在苹果生长周期中要做好5次灌溉，水分管理的总原则是"前促后控"。第一次为萌芽水，要充分灌足，为促进萌芽和开花坐果奠定基础；第二次为新梢旺长和幼果膨大期，该时期为苹果水分需求临界期，此期如果缺水将导致严重的生理落果和减产；第三次为果实膨大期，该时期同样也为苹果水分需求关键期；第四次为果实膨大后期至采收期，该时期一般不宜多灌水，否则会影响果实品质；第五次为越冬水，此期灌溉有利于苹果安全越冬，并为下一年丰产奠定基础。

对于有条件的果园，建议实施滴灌、喷灌、渗灌等节水灌溉措施和水肥一体化措施，灌溉结合施肥同步进行。豫西黄土高原区域干旱，加之灌溉条件差，在生产中应注重覆盖保墒技术措施的应用；一是果园覆膜，早春或冬前覆盖园艺地布或黑色地膜；二是覆盖秸秆和杂草，覆盖厚度15～20厘米，并在其上喷施尿素水溶液，后撒盖少量土，可以加速其发酵、防止风吹走、预防火灾。

（二）苹果园铺设园艺地布保墒除草技术

豫西黄土高原区域年降水量大多集中在 430～560 毫米，并且呈现出年际和月际间降水分布不均的特点，特别是冬春季节的持续干旱会使苹果树的正常生长发育受到不同程度的影响，造成其生产潜能不能充分发挥。因此，在黄土高原苹果产区进行覆盖保墒可以相对稳定均衡供应水分，有效缓解季节性干旱。此外，夏季果园杂草大量生长，每年一般需要打 3 次除草剂或人工除草 4 次以上，费时费工。目前，苹果园覆盖保墒除草地膜普遍应用的是黑色地膜，成本较低，但不耐践踏，田间作业不便，易老化，使用寿命短。而园艺地布使用寿命在 3～5 年，耐践踏，不影响田间作业，其综合经济成本要低于地膜。

1. 园艺地布的使用特点 园艺地布又称为防草布、地面编制膜、地面防护膜等，国外常用名称为 Ground Cover，是由抗紫外线的 PP（聚丙烯）扁丝编织而成的一种布状材料，为国际公认的可降解性环保材料。园艺地布主要有以 5 个方面的特点：一是抑制杂草生长；二是提高地温；三是透水保水透气；四是抗机械操作，拉伸强度值大于 800 牛顿；五是防止和减轻病虫害的危害。

2. 铺设时间及宽幅要求

1）铺设时间 铺设时间分秋末冬初和春季两个时期，秋末冬初覆布在果园秋施基肥后立即进行，至土壤冻结前完成。冬季比较暖和、冻土层浅、风大的果园在秋末冬初覆布为好。春季覆布在土壤 5 厘米厚的表土解冻后立即进行，越早越好。冬季比较寒冷、冻土层较深、风小的果园以春季覆布为好。

2）铺设宽幅 地布的铺设宽度应是树冠最大枝展的 70%～80%，因苹果树的吸收根系主要集中在此区域内，地布表面集流的雨水应蓄藏在此区域。新植的 1～3 年幼树地布铺设总宽度要求 1 米，即树干两侧各铺一条 50 厘米宽的地布；4 年以上的初果期树选择宽幅 70 厘米的地布，在树干两侧覆布；盛果期树选择宽幅 1 米的地布，在树干两侧覆布。

3. 覆盖方法

1）地面整理 地布铺设前首先要清除地面杂草，尤其是茎干较粗的杂草，防止损伤地布。其次平整地面（图 4-5），要求树干处地面与地布外侧地面呈一定坡度，高差 5 厘米，便于雨水快速流向两侧集雨沟被根系有效吸收，防止因地布没有坡度

图4-5 平整地面

而使雨水留在表面被蒸发浪费掉。

2）划线 根据树冠大小和选择的地布宽度划线（图4-6）。线与行向平行，用测量绳在树盘两侧拉两道直线，与树干的距离小于地布宽度10厘米，多余部分供压埋、中间重叠连接和地布收缩使用。覆布的果园要求地势平坦，无杂草，田间土、肥、水管理精细。

图4-6 划线

3）覆布　先埋两侧，后连接中间（图4-7、图4-8）。沿先前划的线开沟，深度5～10厘米，把地布一侧埋入沟中。中间用地布钉、封装苹果纸箱的U形铁钉或铁丝连接，作业速度快且连接牢固，记得要重叠3～5厘米，防止地布收缩后出现缝隙而滋生杂草。由于地布见到阳光后自动收缩张紧，因而最初铺设地布时，只需简单铺平即可，与铺地膜不同。

图4-7　两侧埋布

图4-8　中间连接

4）铺设滴灌管　有滴灌设备的果园，可把滴灌管放置于地布的下面。幼龄果园每行可紧贴树干放置1条滴灌管（图4-9），成龄果园沿地布的外侧各放置1根滴灌管。

图4-9　地布下铺设滴灌管

5）开挖集雨沟　地布覆盖好后，在垄面两侧距离地布边缘3厘米处沿行向开挖修整深30厘米、宽30厘米的集雨沟，要求沟底平直，便于雨水均匀分布。园内地势不平、集雨沟较长时，可每隔2～3株间距在集雨沟内修一横挡。此外，有条件的果园可在集雨沟内覆盖一层细碎的作物秸秆，以进一步提高保墒效果。有滴灌设备的果园可不挖集雨沟，以减少用工成本。

6）行间管理　行间自然生草、种植花生、马铃薯、覆草或人工种草均可（图4-10）。

图4-10　行间生草

4. 施肥

1）追肥 覆布后，在生长期施追肥时，为提高肥料利用效率，建议采用施肥枪追肥，幼龄果园沿行向在树体两侧追肥（图4-11）。成龄果园沿集雨沟追肥。此种模式追肥可达到"水肥"一体的耦合效果。一般追肥可在集雨沟内行施或穴施。覆草的果园首先把集雨沟内的覆草取出，然后距离布边3～5厘米按施肥深度挖行或穴。施肥后，按原来的沟底高度回填土壤，并将取出的覆草回覆原地。

图4-11 追肥

2）基肥 覆布后秋施基肥时，可在集雨沟内挖行施入。施肥后，按原来的沟底高度回填土壤，并将取出的覆草回覆原地，没有集雨沟的可以用开沟机在地布两侧开沟后施肥。

5. 其他注意事项

1）防火 园艺地布为塑料制品，极易发生火灾。在秋末至初春这段时间内，由于气候干燥、杂草干枯，应严禁在果园及周边有放火烧荒等易引起火灾的行为。对于覆草和生草的果园更应注意防火。

2）防高温伤害 铺设地布后，中午地布下的空气温度会在短时间内急剧上升，相对冬春季节铺设地布，此期树体由于没有产生从低温到高温的适应过程，会不同程度烫伤树皮，幼龄苹果树甚至会发生整株死亡现象，因此，覆布后要及时在根颈部压土，防止热气冒出烫伤树干。

五、苹果疏花疏果技术

疏花疏果是苹果生产管理中的重要一环，有利于树体积累营养，增强树势，减少病害、低温的侵袭，延长树体寿命。同时还具有保花保果，预防果实大小年，调节树体营养运输的功能。由于苹果花期短暂、花量较大，疏花疏果费时、费工，因此选择合适的疏花疏果方式非常重要。

目前苹果疏花疏果方式主要有 3 种：人工疏花疏果、化学疏花疏果、机械疏花疏果。

（一）人工疏花疏果

苹果疏花疏果是实现优质高产的重要环节，是一项人为调节果树生长结果的生产措施，其作用是调节大小年结果，提高果品的商品率，保证树体健康。疏花是为了减少过多花果对树体的养分消耗，宜早不宜迟，通常所说的"早疏果不如早疏花，早疏花不如早疏蕾"，就是强调早疏比迟疏好。

1. 果树负载量的确定　果树负载量是根据果树品种、生长树势、树龄状况、气候条件等多方面因素来确定。因各个果树条件不同，负载量也具有一定的差异。一般情况下果树负载量的确定应考虑以下几点：保证果实产量、质量，达到较好的生产效益；保证当年果树储存较高的营养状况，豫东黄河故道产区一般产量以 45 000 千克 / 公顷为宜，豫西产区一般产量以 3 000 千克 / 公顷为宜；保证翌年形成足够的花果数量。

在实际生产中应正确判断果树的负载量，灵活掌握留果量。一般小果形品种应多留，大果形品种应少留；优势壮树可多留，劣势弱树应少留；易落果树多留，不易落果树少留；强壮枝多留，弱小枝少留。

正常情况下，果树合理负载量为：早熟品种亩产量2 000 ~ 2 500 千克，可溶性固形物含量在11%左右,单果重160 ~ 190 克；中熟品种亩产量2 500 ~ 3 000 千克，可溶性固形物含量在13% 左右，单果重180 ~ 210 克；晚熟品种亩产量2 500 ~ 3 000千克，可溶性固形物含量在15%以上，单果重220~280克。

苹果能不能长大，花芽质量起到了决定性作用。所以要尽量疏掉着生位置不好的花芽，如腋花芽和果台上叶片少和叶片小的花芽，腋花芽的果个长不大，2 ~ 3 片小叶的果个长不大，而果台上有 6 ~ 8 片大叶的果个能长大。

定果时，一般选留果个大的。由于长势弱的花和长势好的花开花时间也差不了几天，果个大小也差不太多，所以定果时只能选留果台上叶片多且叶片比较大的果留。

一般开花早的、花芽质量高的花结的果个大，开花比较晚的花结的果个小。所以要尽量选留中心果，中心果偏斜果少；特别是红星，要留高桩果，这样的果个大；尽量不要留圆蛋果，要留有果台副梢的果。

2. 果树负载量调节方法

1）叶果比法　正常生长的稳产树，调查整株叶片和采收果数，求出叶果比。计算叶果比时，不计算延长枝上的叶片。大果形品种每 50 ~ 60 片叶留 1 个果为宜；矮砧品种每 20 ~ 30 片叶留 1 个果为宜；小果形品每 30 ~ 40 片叶留 1 个果。叶果比也应根据果树生长情况、品种差异做出相应的调整，在实际生产中较难以掌握。

2）梢果比法　按当年新梢数留果，主栽品种一般每 3 个新梢留 1 个果实为宜；小果形品种 1 ~ 2 个梢留 1 个果。树势强壮的果树 2 ~ 3 个梢留 1 个果，树势较弱的果树 3 ~ 4 个梢留 1 个果为宜。在生产中这种方法操作较为简便，易于果农掌握。

3）距离疏花疏果　距离疏花疏果是最常见的一种方法。大果形品种，疏花序间距 20 ~ 25 厘米留 1 个花序；小果形品种，疏花序间距在 15 厘米左右留 1 个花序。健壮树、树体内膛、优势结果枝、中下层枝间距可短些，树冠外围枝、弱势结果枝、上层枝及骨干枝间距可留长些。疏果操作中，一般大果形 20 ~ 25 厘米留 1 个果；中果形 15 ~ 20 厘米留 1 个果。留果时应去掉弱小果、病虫果、畸形果，保留优质健康果。这种方法简便易学，不易形成果树大小年现象,在生产中果农应用比较普遍。

4）干周法　根据干周法计算果树产量，确定留果标准。

单株产量计算公式为 $Y=0.025 \times C^2 \pm 0.125 \times C$。

式中，Y 是单株产量，单位千克；C 是地上 20 厘米处树干周长，单位厘米。根据果树长势的强弱，或加或减 0.125×C 进行产量数值修正。

单株留果量 =（4×Y）或（5×Y）。个果重平均 250 克时，单株留果量按 4×Y 计算；单个果重平均 200 克时，单株留果量按 5×Y 计算。也可用公式，单株留果量 =0.2×C²，C 指距地面 30 厘米树干的周长，单位厘米。

3. 人工疏花疏果的时间　人工疏花的最佳时期是花序分离期，过早、过晚效果都不好。疏果的时期，一般在 5 月中下旬、花后 10～20 天进行，不宜过晚。

4. 人工疏花疏果的方法

1）疏花　适宜的留果量确定后，再根据其他情况调整分配，要做到心中有数，疏花疏果在操作上要坚持一个"严"字。疏花的原则是保留中心花，疏除边花，达到保花、防止果树大小年的目的。在具体操作中，疏花应根据花量多少、果树品种类型、树体强弱等条件进行。树势较强的，疏花序间距可短些；树势较弱的，疏花序间距应留长些。大果形品种疏花序间距可长些；小果形品种疏花序间距相应短些。对于强壮枝来说，疏花序间距要短一些，弱枝疏花序间距要相对长一些。留花量的多少，要根据树体强弱的具体情况分析确定。容易发生花期冻害的果园，应该降低疏花量，确保足够花量生长；无冻害发生的果园留花量则可减少一些。也可根据果形的大小判断留花朵数量，大果形品种的一个花序上可留 2～3 朵；小果形品种的 1 个花序上可留 3～4 朵。具体方法如下（图 5-1、图 5-2）：

图 5-1　人工疏花　　　　　　　　　　　图 5-2　人工疏花

（1）疏花芽　在冬剪调整花芽量的基础上，春季芽萌动后，做好花前复剪工作，调整花芽量，保持叶芽枝与花芽枝的比例为 3:1；多余的细弱枝的花芽、高龄枝花芽和瘦弱的花芽全部疏除。

（2）疏花蕾　宜在花序伸长至分离期按果间距离果法隔20～25厘米留1个花序，但要注意保留花序下的叶片。

（3）疏花　在花朵开放时，一般从初花期到盛花期进行。疏边花留中心花，疏掉晚开的花留早开的花；疏掉各级枝延长头上的花，并多留出需要量的30%。

2）疏果　一般分2次进行，第一次在花后1周。第二次在花后4周进行，在第一次疏果的基础上，根据确定的留果量以树定产留果。

疏果时应先疏除小果弱果、病害果、畸形果，保留果个大、果形好的果以及中果枝和下垂枝的果。疏果可在盛花后10～20天进行，此时幼果正处于子房膨大期，疏除较密和较弱的幼果，然后再进行果树定果。定果间距应根据果树品种、树体长势、果形大小来判断。大果形品种间隔一般20～25厘米留1个果；小果形品种间隔15～20厘米留1个果。果枝年龄以五至六年生以下为主。一般不留"朝天果"（也称倒逆果）。因这种果实易被风吹落，其着色仅限于萼端，果背部易现微裂。另外，直接着生在骨干枝背后果枝上的果，因其发育弱、受光少、着色差，也应疏除。腋花芽的花、果，除小年树或受冻树有保留价值外，多予疏除。

疏花疏果应先疏大树，后疏小树；先疏弱树，后疏强树；先疏花、果量特多的树，后疏花、果量较多的树；先疏骨干枝，后疏辅养枝。在1株树上，先疏上部，后疏下部；先疏内膛，后疏外围；先疏腋花芽花和畸形花，后疏顶花芽花。操作中，按枝序循序渐进，防止漏疏。

（二）化学疏花疏果

1. 化学疏花疏果的方法　化学疏花疏果是一种通过喷施化学药剂到达树体表面，能够起到调整果树负载量，从而快速达到疏花疏果效果的一种方法（图5-3）。美国是最早开始化学疏花疏果的国家，将化学药剂应用于果树疏花疏果研究上，并取得了良好的效果。Tergitol TMN-6（异构醇乙氧基化合物）是一种对环境和植物无毒的药剂，此药剂具有较好的疏花疏果作用（图5-4）。1950年，日本开始将西维因、二硝基化合物、石硫合剂、NAA等药剂应用到疏花疏果研究上，且取得了一定的研究成果，并在生产上应用。1970年，我国开始苹果疏花疏果研究工作，与其他发达国家相比起步较晚，但经过疏花疏果学者和专家几十年的不断努力，我国苹果化学疏花疏果研究在药剂机制研究、应用、药剂种类浓度、喷施时间等方面已经取得较好成果，研究成绩显著。

图 5-3　喷施化学药剂疏花

图 5-4　化学疏花效果

2. 化学疏花疏果剂的种类及作用机制　化学疏花疏果剂分为两大种类：疏花剂和疏果剂。疏花剂包括石硫合剂、含钙化合物、二硝基甲酚（DNOC）、植物油等。疏果剂种包括西维因（智舒优果）、乙烯利、敌百虫、萘乙酸等。

1）疏花剂

（1）石硫合剂　石硫合剂是一种无机硫杀菌剂，是目前应用较广的疏花剂，且具有杀虫和除螨的功效。

①作用机制及优缺点。石硫合剂的作用机制是通过伤害雌蕊柱头，阻碍花器授粉受精，只影响未受精和正在开放花的受精过程，达到疏除花朵的效果。缺点是需要适宜的喷施时间和喷施次数，必须在开花期进行喷施，才能达到较好的疏花效果；此外，还会影响花期放蜂时蜜蜂的质量，也会造成果园机械等金属物品锈蚀。

②喷施时间和使用浓度。石硫合剂喷施时间一般采用45%石硫合剂晶体，初花期喷第一遍，盛花期喷第二遍。使用浓度按富士系品种和富士系以外品种进行划分。

当果树花量较大时，初盛花期、盛花期各喷1次45%石硫合剂晶体150～250倍液，可以疏掉盛花中期和盛花后期的花，同时还有利于保持树体营养均衡、节省养分。容易发生花期霜冻的地方，不宜采用石硫合剂疏花，采用疏果的方法较为稳妥。喷施45%石硫合剂晶体150倍液，王林苹果在坐果率、单果比例、空台率、果实品质等方面表现最好。45%石硫合剂晶体250倍液，在富士苹果盛花期喷施，对花和幼果都有疏除效应，具有较强的疏花疏果作用。

花期放蜂期间果园限制使用。

（2）蚁酸钙　钙是果树必需的矿物质元素，充足的钙可以帮助果树储藏营养能量、提高果树抗逆性和果实品质。因此在果树管理中，钙肥是最常见的一种补充钙的形式。研究人员利用多种钙化合物对苹果品种进行试验时，发现多种钙化合物具有不同的疏花效果。蚁酸钙制剂浓度5～10克/升对红富士苹果进行疏花效果最好。顶芽中心花盛开后3天喷施第一次，顶芽中心花盛开后5天喷施第二次。连喷2次的效果比1次好，既可以保证顶芽中心花不受影响，又能降低顶芽侧花和腋芽花的结果率。氯化钙、硝酸钙易对果树生长点和幼叶会造成严重的药害，不宜直接使用。

①作用机制及优缺点。蚁酸钙的作用机制主要是通过杀伤花粉、柱头和进入花柱上部的花粉管，使其不能正常的受精而脱落。含钙化合物的优点是钙化合物成本低廉、效果好，对环境无毒无害无污染，可用于有机栽培。

②喷施时间和使用浓度。蚁酸钙喷施时间为盛花初期（即中心花75%～85%开放时）喷第一遍，盛花期（即整株树75%的花开放时）喷第二遍。每次浓度150～200倍，主要起疏花作用。

（3）二硝基化合物（DONC）　二硝基化合物是一种杀菌剂，具有杀虫杀螨的功效。此类化合物种类较多，经过多国学者研究表明其具有疏花作用，但在开花期降水较多的地区易产生药害和果锈，影响果实品质，生产上使用较少。

①作用机制。二硝基化合物以烧灼雌蕊柱头、花粉等器官，防止花粉发芽，影

响受精从而导致落花。

②喷施时间和使用浓度。二硝基化合物喷施时间以花开放 60% 时为宜，以疏除开放较晚的花朵，使用浓度为 0.8 ～ 2.0 克 / 升。

③优点。不仅可以疏花疏果，还具有杀菌除螨效果。

④缺点。疏花疏果效果不稳定，易引发果锈，影响果实品质。

（4）植物油　植物油作为一种天然的疏花剂，近年来应用于苹果疏花研究，备受广大学者和专家的青睐。大豆油、菜油、向日葵油 3 种植物油含量分别为 3% 的乳状液在盛花期喷布对金冠苹果均有显著疏花作用，同时还可以增加单果重。用 3% 玉米油乳状液或 5% 玉米油乳状液初花期喷布效果比较稳定。

①喷施时间和使用浓度。植物油喷施时间在初盛花期、盛花期各喷施 1 次，喷施适宜浓度为 30 ～ 50 克 / 升，喷施时注意要不断摇动喷雾器，使溶液混合均匀，才能喷施均匀起到较好效果。

②作用机制。植物油作用机制是封堵柱头，阻止花粉萌发。导致受精无法正常完成，达到疏花作用。

③优点。如用橄榄油等能疏花，而且不起果锈。不影响果实品质，且对环境友好。

（5）智舒优花　智舒优花是一款以肥料为载体（主体），结合苹果生长尤其是花朵开放及坐果特点（优质花芽先开，弱花芽后开；中心花先开，边花后开），利用时间差智能地保留优质花芽的花，疏除弱花芽及大量边花，起到省力、省工的目的。

①作用机制。智舒优花可以破坏花柱头黏液层及里面的 S- 蛋白等，阻断了花粉与花柱的识别过程，进而阻断授粉受精过程，无法完成双受精，花朵便会自然败育。如果已经完成授粉，花粉与花柱已经识别完成，花粉管萌发 2 小时后，那么智舒优花就无法有效阻断双受精过程，起不到疏花作用，仅仅发挥智舒优花的肥料营养特质，有助于坐果。如果花药尚未落在花柱上，那么使用智舒优花后，就可以第一时间破坏花柱黏液层及 S- 蛋白活性，起到物理封闭作用，阻断了双受精过程，花朵便会自然败育被疏除。如果花朵还是花骨朵或呈气球状态，智舒优花不能有效覆盖或封闭花柱，就起不到疏花作用，仅仅发挥智舒优花的肥料营养特质，有助于增强花朵的营养水平。简而言之，智舒优花只对开放且未受精的花起疏除作用，否则都是起到增强营养的作用。

②使用时期与方法。每袋 80 克对水 15 千克喷雾，每遍用药剂量一致。第一遍：

中心花开放 75% ~ 80%(整体看全树花开 30% 左右)时喷施（图 5-5）。第二遍：全树花开放 75% ~ 80% 时喷施（图 5-6）。

图 5-5　第一遍最佳时期　　　　　　　图 5-6　第二遍最佳时期

2）疏果剂

（1）西维因　西维因 1958 年在美国注册，是一种低毒高效氨基甲酸酯类的杀虫剂，此药剂在防治果树食心虫病害方面有良好的作用。1960 年美国学者研究发现西维因具有疏除果实的作用，其效果稳定，药性温和，是疏果效果较好的药剂。日本研究表明西维因有效喷施浓度为 833 毫克 / 千克时，不仅具有疏果作用，还具有治虫效果。20 世纪 80 年代中期，我国疏花疏果专家采用西维因对金冠苹果进行疏花疏果，花期和花后 2 周喷西维因 1 500 毫克 / 千克对金冠苹果既有疏花又有疏果的作用。西维因（浓度 3 333 ~ 2 000 毫克 / 千克）在盛花期进行喷洒处理，对红富士苹果具有促进幼果发育的作用。喷施浓度萘乙酸 20 毫克 / 千克 + 西维因 2 000 毫克 / 千克对国光苹果没有显著的疏除作用。西维因喷施浓度 500 毫克 / 千克对元帅苹果疏果效果最佳。

①喷施时间及使用浓度。西维因在花后 2 周喷施疏果。疏除效果在喷施后 7 ~ 10 天开始出现。富士落果高峰在喷施后 3 ~ 4 周；富士系以外品种喷施浓度为 1.5 克 / 升，在花后 2 周进行喷施疏果。西维因一般使用浓度为 1.5 ~ 2.5 克 / 升；西维因在盛花后 10 天喷第一遍，盛花后 20 天喷第二遍。富士系品种喷施浓度为 1.5 克 / 升。

②作用机制。西维因的作用机制是进入树体的维管束后，进而影响营养物质运输、干扰激素运输，导致幼果所需养分缺乏造成幼果脱落，此药剂最先影响生长发育较弱的幼果，从而发生落果现象。喷施时应直接喷到果柄和果实部位，效果较好。

③优点 对人和动物的毒性相对较低，药物在体内不易积累，不影响果实正常发育，无药害和疏除过多的危险，在适宜的浓度范围内和有效时间喷施，疏除效果稳定，属于比较安全的疏除剂，另外还具有防治虫害的功能。目前也是在生产上应用比较广泛的一类疏除剂。

（2）萘乙酸 萘乙酸是一种植物生长调节剂。该药剂不仅可以疏花，还能疏果。萘乙酸最早在美国推广应用，而后其他国家推广应用至今。苹果生长季后期喷施萘乙酸可以防止采前落果，花期喷施可以有效疏花，花后喷施能够疏果。萘乙酸还具有提高果实品质的作用。

①作用机制 萘乙酸通过影响树体内激素代谢和运输，促进乙烯利的形成从而导致果实脱落。

②喷施时间及使用浓度 萘乙酸最适喷施时间为盛花后 10 天喷第一遍，盛花后 25 天喷第二遍，腋花芽多的品种可在全树花开 95% 以上时喷 1 遍。萘乙酸适宜使用浓度为 10 ~ 20 毫克 / 千克。

③优点和缺点 具有较强的疏果作用。该药剂稳定性差，使用后易发生叶片生长畸形、阻碍果实生长等症状。

（3）6-BA（6- 苄氨基嘌呤） 6-BA 是一种有望取代西维因的苹果疏果剂。不但疏除效果好，对单果重和果实品质均有提升。

①喷施时间及使用浓度 喷施时期盛花后 15 天喷第一遍，盛花后 25 天喷第二遍；使用浓度为 0.1 ~ 0.3 克 / 升，有效喷施用时间花后 25 ~ 29 天。富士系品种喷施浓度为 0.1 ~ 0.3 克 / 升。富士系以外品种喷施浓度为 0.1 ~ 0.2 克 / 升。

②优点和缺点 优点是 6-BA 对果实品质无影响，不仅具有疏果作用，还可以促使果实增大，果锈减少，使翌年花量增加。缺点是容易诱发副梢，致使枝叶生长过盛，树形不易控制。多雨地区应用较难。

（4）乙烯利 乙烯利不仅是一种有效的疏果剂，还具有抑制果实生长、导致果实扁平的作用。乙烯利 450 ~ 500 毫克 / 千克在金冠苹果盛花后 16 天和 21 天喷布，具有疏除幼果的作用。在盛花期落花后 10 天左右，喷施浓度为 0.3 ~ 0.5 克 / 升的乙烯利，具有疏果的作用。对苹果大小年或结果习性强的品种，以疏花为主，依据品种不同其疏果效果也不相同。

①喷施时间及使用浓度。乙烯利喷施时间常在盛花前或落花后 10 天左右。一般使用浓度为 0.3 ~ 0.5 克 / 升。

②作用机制及优缺点。该药剂对花粉管的伸长有抑制作用，通过自身分解生成乙烯，促进果柄形成离层细胞，导致果实脱落。乙烯利的优点是疏花、疏果功效较好，适合用于严重大小年、坐果率高及疏除较难的品种。乙烯利的缺点是在浓度较高时其疏果作用较强，并且在高温情况下，具有疏除过量的危险。

（5）敌百虫　敌百虫是一种毒性较低的有机磷杀虫剂，具有疏除幼果的作用。我国从 20 世纪 80 年代开始研究应用，并在疏花疏果方面取得了一定的成绩。用不同浓度的敌百虫对国光苹果进行疏果时，药液浓度与疏除效果呈曲线相关关系；疏除效应与单果重呈线性相关，且达显著水平。对苹果不仅有疏除作用，还具有提升品质、促进花芽分化等功能。

①喷施时间和使用浓度。敌百虫喷施时间一般在盛花后 10 ～ 15 天喷布，使用浓度一般为 0.9 ～ 1.5 克 / 升，可达到较好的疏除效果。

②作用机制及优缺点。敌百虫的作用机制是减弱"源""库"的强度，造成果枝内碳水化合物短暂缺乏，使幼果生长减缓，造成脱落。敌百虫具有疏除幼果且治虫害的功能，适宜山区使用。缺点是对人畜具有一定的毒性。

（6）硫代硫酸铵（ATS）　为一种硫基氮肥，通过使柱头脱水，导致花无法受精；对叶片有一定的影响，抑制光合，诱导产生乙烯，从而使发育不好的果实脱落，疏除率为 20% ～ 30%。

①使用方法。第一次使用时间为当第一个花瓣掉落时；第二次使用时间为第一次用药的 3 天后。

②使用浓度。1.2 毫升 / 升。

③注意事项。防止湿度过大，以免产生药害。

（7）化学疏花＋化学疏果　红富士单独化学疏花或者疏果效果不甚理想，采用化学疏花与化学疏果复合处理。适宜的疏花疏果剂为"智舒优花"+"智舒优果"，适宜喷施浓度和最佳喷施时间同单独喷施疏花剂和疏果剂时一致。

3. 化学疏花疏果适宜条件及要求

1）天气条件　在晴天或阴天的无风天气条件下，10 时以前或 16 时以后进行喷布。适宜温度 20 ～ 28℃，花期白天温度连续低于 10℃或高于 30℃时，不宜进行化学疏花。

2）树体条件　适宜树势比较稳定、花果量较大的果园。果树品种不同，对化学疏花疏果剂的敏感程度也不同，富士系品种中心花与边花开放时期间隔较短，使用浓度要适当调高；富士系以外品种中心花与边花开放时期间隔较长，较低浓度就可以疏除边花，使用浓度要适当调低。

3）授粉条件要求　没有配置专用授粉树或授粉品种的果园，不宜采用化学疏花。授粉树比例配置不够，可以高接授粉树，花期利用壁蜂授粉，中心花 50% 开放时，每亩释放 100 头以上壁蜂为好。

4）药液配制　药液要随配随用，尤其是石硫合剂等钙制剂不能与其他任何农药混用。

5）定果要求　化学疏花疏果以后，根据坐果情况和预期产量，进行人工定果。定果要严格按照人工定果要求选留幼果，定果距离 15～20 厘米。

6）注意事项　应用化学药剂疏花疏果时，要根据立地条件、气候条件进行小规模试验。根据不同品种类型、花期特点，注意喷施时期。花期会出现冻害的果园，不能实行化学疏花疏果。

综上，化学疏花疏果虽然可以大幅度降低作业量及生产成本，但它只是一种辅助手段，必须结合品种、气候条件等实际情况合理使用，也很难完全达到生产上的单果要求，所以必须适当结合人工疏花疏果，在标准化管理的基础上，达到改善品质、省工、省时的目标。

（三）机械疏花疏果

近年来，机械疏花疏果成为果树疏花疏果研究的新方向，世界上许多国家都在研制此类机械，以替代人工、化学疏花疏果，并取得了一定的进展。机械疏花疏果与人工疏花疏果相比，具有省力、省时、提高工作效率等优势，对促进规模化生产具有重要意义。相对化学疏花疏果，机械疏花疏果对果树和栽植环境无污染，利于培育有机果品。国外一些果业发达国家，在开展矮砧密植栽培的同时，就研发出了配套的大型机械随机疏花。机械疏花方法对果树树形、栽植方式等要求较严，不适宜推广应用在我国乔砧、中间砧的栽培模式中。国内外所研究的疏花疏果机械目前存在较多问题，如仿形效果不好、疏花疏果的范围较小，机械不轻便、通用性较差等。机械疏花疏果在许多方面都需要深入研究改进，以达到优质高效、便捷省力的目的。国外便携式疏花疏果机械尚在研究阶段，我国机械疏花疏果机械处于研究初级阶段，技术方法尚不成熟，无法实现大面积推广。此处简要介绍一下，仅作苹果产业发展前瞻。

1. 便携式疏花疏果机械　目前国内销售市场以手动和电动疏花疏果工具为主，电动工具的工作效率是人工作业的 5 ～ 10 倍。国内多采用便携式疏花疏果机械装置，但是生产应用较少，多用于科学研究。我国的便携式疏花疏果机械还存在较多问题，仍需要进一步完善。

2. 大型疏花疏果机械　在美国、意大利等发达国家，大型疏花疏果机械研发应用较为广泛，多采用高速旋转轴带动塑料绳旋实现疏花疏果。大型疏花疏果机械适用于国外果园矮砧密植栽培模式，对果树形状、栽植模式要求较高；符合省力化疏花疏果要求，具有工作效率高、节省劳动力等特点。在我国，很多地区的栽培模式多是乔砧或中间砧，行距比国外果园窄，不利于大型疏花疏果机械使用（图 5-7）。

图 5-7　大型疏花机械

3. 前景展望　机械疏花疏果发展将会代替人工疏花疏果和化学疏花疏果，成为疏花疏果的重要方式。总体来说，机械疏花疏果可以节省生产成本，提高疏花疏果工作效率，降低果农生产安全风险，还有利于果树生长发育，减少有毒、有污染的化学药剂使用，能够带来较为明显的社会效益和经济效益。

六、果园有草栽培技术

果园有草栽培是在果园行间选留原生杂草或种植绿肥作物，并加以管理，使草类与果树协调共生的一种栽培方式，具有提升土壤有机质含量、改善果园生态环境、稳定土壤水分、减少杀虫剂用量和降低人工除草劳动成本等多种作用。果园生草是一项先进、实用、高效的土壤管理方法，在欧美、日本等国已实施多年，应用十分普遍。

本章主要介绍了果园生草的意义、自然生草、人工生草和刈割等内容。

（一）果园生草的意义

1. 改善土壤　果园生草栽培可有效提高土壤有机质含量，改善土壤结构，明显提高土壤水肥供应能力，减缓土壤水分蒸发，增加土壤渗水能力和持水能力，形成良好的果园土壤体系。

1）土壤养分　国家苹果产业技术体系商丘综合试验站经过6年（2013～2018年）土壤监测，在清耕果园和有草栽培的果园，分别取0～20厘米和20～40厘米土样检测有机质含量，结果在0～20厘米土层，有草种植区平均土层有机质含量由10.9克/千克上升到15.4克/千克；20～40厘米土层有机质含量由8.080克/千克上升到10.7克/千克。结果表明果园生草可以持续提高土壤有机质的积累。

果园生草可以不同程度地提高土壤速效磷、钾含量，碱解氮含量则表现为表层略有下降，亚表层略有上升。生草栽培具有活化土壤中的有机态氮、磷、钾的作用，利于果树对氮、磷、钾营养元素的吸收利用。

生草对苹果园养分的影响受土壤营养状况、草种根系吸收特性等复杂因素的影响，研究结果具有多样性。因此，应综合多种因素评价生草对土壤养分的贡献作用。

2）土壤含水量　生草果园中，草与果树存在水分竞争，有研究表明生草对水分的竞争主要发生在0～40厘米土层，随着生草年限的增加，水分竞争延伸到较深土层。生草果园较清耕果园土壤饱和储水量、吸持储水量及滞留储水量都有所提高。

3）土壤温度　果园生草降低了地表的光照度，减缓了热量向深层土壤的传递，改善土壤的热量状况，起到了平稳地温的作用。苹果园行间生草可使地面最高温度降低5.7～7.3℃，不同土层温度均有所降低。生草后进行适时刈割，然后覆盖，是改变果园生态系统热量传递的主要方式，具有夏季降温和冬季增温的双重作用。

4）土壤结构　良好的土壤结构、适宜的土壤孔隙度是果树优质高产的基础，同时孔隙状况的大小可以较好地反映土壤水分蓄存状况。

生草后土壤容重降低、孔隙度增加、水稳性团聚体含量升高，其影响主要集中在0～40厘米土层，且随着生草年限的增加，土壤物理性状改善越显著，土壤的入渗性能和持水能力得到较大幅度的提高。

5）土壤微生物的变化　土壤微生物群落决定了养分循环、有机物分解和能量流动，对土壤生态功能至关重要，是土壤质量优劣非常敏感的指标。苹果园生草可显著提高土壤微生物数量，固氮菌与纤维素分解菌数量升高幅度较大，放线菌数量升高的幅度最小。

土壤中各种生化反应除受微生物本身活动的影响外，实际上是在各种相应的酶的参与下完成的，酶活性与土壤中动植物残体和微生物密集的区域密切相关，酶活性的高低直接影响氮、磷、钾以及一些有机物质的循环和转化。此外，生草刈割覆盖使土壤中几丁质酶、纤维素酶、葡萄糖苷酶和氨基葡萄糖苷酶的活性均有所提高。

2. 增加生物多样性　生草丰富了果园的生物多样性，尤其是近地表的生物多样性。生草区植绥螨密度随季节变化呈单峰曲线，果园间作芳香植物后害虫数量减少，天敌数量增加；间作区显著增加主要害虫（桃小、康氏粉蚧、蚜虫、金龟子和网蝽）及天敌（瓢虫、食蚜蝇、草蛉、蜘蛛和寄生蜂）的生态位宽度，且天敌的生态位宽度明显大于害虫生态位宽度；另外，生草后苹果园有机物料的输入增加引起了土壤线虫群落较高的多样性，羊茅草处理0～5厘米土层多样性指数为2.8，较清耕提高了0.48。

果园生草增加了植被多样性，为天敌繁衍、栖息提供了必要的场所，增加了天敌的数量，克服了天敌与害虫在发生时间上的脱节现象，形成果园相对持久的生态系统，利于生物防治，减少虫害的发生，从而减少了农药使用量，有利于苹果树病虫害的综合防治。

3. 改善果园生态环境　果园生草改变了传统清耕果园"土壤－果树－大气"系统水热传递的模式，形成了"土壤－果树＋草－大气"系统，引起了果园环境水热传递规律的变化（图6-1）。由于草对光的截取，近地表草域光照度、日最高温度较清耕区明显下降；生草同时降低了地表的风速，从而减少了土壤的蒸发量；另外，由于草域根系的呼吸和凋落物的分解作用，引起地表二氧化碳浓度上升，增强了果树的光合作用。生草后改善了果园小气候，形成良好的温湿度生态环境，对土壤水分调节起到缓冲作用，防止或减少水土流失。

图6-1　果园生草改善果园生态环境

4. 促进树体生长发育　苹果园生草为果树根系的生长提供了稳定的环境和持续的养分，缩小了0～20厘米土层根系的分布范围，0～40厘米土层根系生物量为清耕的62.4%，"细根生物量／粗根生物量"增加了10.1%。种植鼠茅草、黑麦草和红三叶的苹果叶片的光合速率均高于清耕。

生草第六年，种植白三叶草（图6-2）和黑麦草的苹果树干周分别为清耕的92.6%和83.5%，除种植白三叶草苹果新梢比对照长外，种植紫花苜蓿、高羊茅、多年生黑麦草和小冠花的新梢均比清耕短；生草果园中短枝比例明显高于清耕，利于果树的生殖生长，生草的第三年中短枝比例平均增加33.4%，第六年平均增加34.9%。

生草促进果树生长，与清耕果园相比，干周和冠幅增大，提高果树新梢生长量、

图6-2　果园种植白三叶草

叶片叶绿素含量和根系活力；使果树根系下移，更好地吸收养分；降低久旱暴雨后的裂果率；提高果实产量和果实可溶性固形物含量等。

生草对树体生长量的影响与该地区的降水量有关，干旱地区水分竞争明显，生长量减少；降水量大的地区，水分竞争不明显，对生长量的影响也不明显。

5. 提高果实品质　生草可使果园温湿环境相对稳定，有利于减轻枝干和果实的日灼，特别是在套袋栽培体系中，对改善果实外观品质具有重要作用。有利于果树生长发育，显著提高果实品质和产量。

生草可减少果实病害的发生，改善果实品质，从而提高了其加工品的质量。随着种草时间延长，果实品质改善更为明显；生草几年后，与清耕果园相比，单果重、硬度、可溶性固形物含量等都有明显增加。

6. 提高经济效益　果园生草技术的应用，不仅可以改善果园生态环境，还丰富了生态旅游资源，促进观光农业的发展，给果农创造了更大的经济效益。

7. 缓解旱涝灾害、病虫害　在雨涝期，生草可以较快地排出土壤中较多的水分，促进苹果树根系的生长和养分的吸收；干旱季节生草可减少地表水分蒸发，有利于果树生长发育。果园生草在一定程度上能减轻日灼的发生。

果园生草增加了植被多样化，为天敌提供了丰富的食物、良好的栖息场所，生草后蚜虫、叶螨等的天敌数量明显增加，种群稳定，制约着害虫的蔓延，形成果园相对持久的生态系统（图6-3）。

图 6-3　形成果园相对持久的生态系统

（二）自然生草

自然生草是指在果园自然长出杂草后，对植株过高、根系过深、茎秆易木质化、竞争性强的杂草进行多次刈割或拔除，选留自然生长的浅根、矮生、与苹果无共生性病虫害的良性草，使其覆盖地表，不再进行人工种植草种的生草方式（图 6-4）。

图 6-4　果园自然生草

1. 原生草种 在河南地区，苹果园自然生长的野草草种有马唐、稗、荠（荠荠菜）、牛繁缕、猪殃殃、马兰、狗尾草等。

国家苹果产业技术体系岗位专家吕德国教授指导果农开展豫东黄河故道区域果园春季、雨季、秋季优势野生草种筛选，发现春季酢浆草、野草莓，夏季马唐、牛筋草等，秋季蛇莓、牛繁缕等为豫东黄河故道优势野生草种。

2. 杂草种类 高大、木质化程度高的杂草，常见的有苘麻、益母草、藜（灰灰菜）、苋菜等；具有根状茎不易控制的杂草，如小蓟（刺儿菜）、白茅、香附子等；缠绕性的恶性杂草，如葎草（拉拉秧）、牵牛及菟丝子等。应适时拔除或刈割葎草、藜、苋菜等恶性杂草。

（三）人工生草

人工种草是指在苹果树采用宽行距的栽培条件下，果园全园行间长期种植多年生豆科或禾本科草作为土壤覆盖，根据果树和草的长势决定刈割周期，刈割的青草覆于树盘或发展养殖业。人工生草的草种应适宜当地气候条件，既能抑制杂草的生长，又与苹果的生长无强烈的水肥之争。

理想的草种适应性广、根系浅、矮生、能自行繁衍，或能保护苹果害虫的天敌。较好的草种有黑麦草（图6-5）、三叶草、紫花苜蓿、藿香蓟（可防控红蜘蛛）等。草种的选择主要根据生草目的来进行，如以生草覆盖为目的、刈割次数少的可选择白三叶、黑麦草等品种。

图6-5 果园人工种植黑麦草

1. 草种选择原则　植株矮秆或匍匐生，有一定的产草量和覆盖效果；多年生；根系以须根为主，浅生好。另外对气候、土壤条件等适应性强，尤其要适应气候逆境特征，如冬季寒冷、夏季高温等。

选择的草种与果树没有共同的病虫害，不是果树害虫和病菌的寄生场所。固地性强、覆盖性好，植株矮小，鲜草产量高、富含养分，易腐烂。

选择的草种易管理，耐割、耐践踏，再生能力强，便于人工机械管理；耐阴，耗水量较少；易越冬，适应性强；易繁殖，覆盖期长，与果园杂草竞争优势较强。

尽量减少和果树竞争养分，最好选择矮生或匍匐性的豆科植物；生草栽培的地下根部能有更多有利的环境，供土壤有益微生物菌落存活。最好具有经济效益，尽量选择乡土草种。

2. 适宜草种　在果园生草栽培中，草种的选择十分重要，目前我国生草草种使用较多的有禾本科和豆科两大类，主要种类包括紫花苜蓿、白花三叶草、百脉根、草地早熟禾、多年生黑麦草等。

1）豆科植物　在河南地区，适宜苹果园种植的豆科植物草种有白三叶、毛叶苕子（图6-6）、野豌豆等。人工生草以毛叶苕子、野豌豆为主要建群草种，全年刈割6次可以形成良好的草被。

毛叶苕子一年生草本，攀缘或蔓生，植株被长柔毛；根系发达，主根深达0.5～1.2米；茎细长，攀缘，长可达2～3米，草丛高约40厘米。毛叶苕子耐霜冻，在河南地区秋季 -5℃的霜冻下仍能正常生长；耐旱，在年降水量不少于450毫米的地区均可栽培；对土壤要求不严，喜沙壤及排水良好的土壤，在红壤及含

图6-6　果园种植毛叶苕子

盐0.25%的轻盐化土壤中均可正常生长。毛叶苕子是优良的绿肥作物，初花期鲜草含氮0.6%、磷0.1%、钾0.4%。根系和根瘤能给土壤遗留大量的有机质和氮素肥料，

改土肥田培肥地力，增产效果明显。

野豌豆几乎在我国各地均有分布，适应能力强，具有固氮作用。果园种植长柔毛野豌豆结合自然生草能全面提升土壤综合肥力（图6-7）。种子无休眠，浸水24小时后就能萌发生长，具有"落地生根"的特点。秋季播种或当年萌发生长的小苗，经过一个冬季的冷冻过程后，春季爬蔓生长，长势很旺，很容易盖满地面，不仅其他杂草无法生长，还可减少水分蒸发，具有涵养水源的作用。根系浅，茎木质化程度极低，耗水性小，6月结豆荚后，植株很容易腐烂，无须刈割，具有节水、省力的特点。

图6-7　果园种植野豌豆

2）禾本科植物　适宜苹果园种植的禾本科植物主要有黑麦草、早熟禾、鼠茅草等。此外也可多草种混种，以增加微生物的多样性，保护果园小气候。

早熟禾是禾本科早熟禾属一年生或冬性禾草植物，该种作为果园生草栽培，生长速度快，竞争力强，一旦建群，杂草很难侵入。而且再生力强，抗修剪，耐践踏。黑麦草为多年生植物，秆高30～90厘米，是各地普遍引种栽培的优良草种。

鼠茅草是一种优良的绿肥草种，耐严寒而不耐高温，又名鼠尾狐茅（图6-8）。鼠茅草地上部呈丛生的线状针叶生长，自然倒伏匍匐生长，针叶长达60～70厘米。长期覆盖地面，一方面防止土壤水分蒸发，又避免地面太阳暴晒，增强果树的抗旱能力；另一方面，生草条件下土壤的团粒结构好，涵养水的能力大大增强，具有明显的蓄水保墒作用。鼠茅草是一种自己播种繁殖的草，其植株可抑制杂草的生长。根据调查结果，鼠茅草对杂草的抑制率达90%以上。果园种植鼠茅草后改善了土壤中氮、磷、钾的实际供给能力；鼠茅草有发达的根系，土壤中根生密集，在生长期及根系枯死腐烂后，既保持了土壤渗透性，防止了地面积水，也保持了通气性；根系的分泌物及土壤大量微生物和土壤动物（蚯蚓）的存在，土壤中缓效态或难溶性养分可转化为速效态或易溶性养分，促进果树对营养元素的吸收。倒伏在果园中的鼠茅草死亡植株经发酵和分解后，可以补充土壤中的有机物，改良土壤的物理化学性质。

图6-8　果园种植鼠茅草

3. 播前准备

1）起垄与整地　苹果园内，沿行向起宽1.5～2米、高10～30厘米的垄，呈中间略高、两侧略低的拱形。在垄上铺设园艺地布，两边用土压埋固定，中间用细铁丝固定。

起垄后对行间垄沟土地进行平整，旋耕、耙平，有条件的地块事先施入土杂肥。旋耕时不要破坏垄台。

2）施基肥、灌水

（1）施基肥　土壤翻耕前，施用腐熟的农家肥作基肥，施肥量为15 000千克/公顷左右。

（2）灌水　播种前灌溉浇透水1次。

3）土壤疏松与平整　选择适宜果园内操作的机械，如小型旋耕机等，犁翻或旋耕园区土壤，疏松10～30厘米土层土壤，旋后耙平土地，旋耕时不要破坏垄台。

清除土壤中石块、树枝等地表杂物。

4. 播种

1）播种时间　一般草种适宜的播种时期为春末夏初或雨季前期，温暖地区或越冬性强的草种也可以秋播。豆科植物，如毛叶苕子、野豌豆及禾本科的鼠茅草适宜秋季播种，一般在 8 月中旬。

2）播种量　用种量可参照牧草生产推荐的播种量，当地杂草较多的适当减量。

3）播种方式　自然生草不能形成完整草被的地块需人工补种，增加草群体数量。人工补种可以种植商业草种，也可种植当地野生单子叶乡土草，如马唐、稗、狗尾草等。采用人工条播或小型条播机播种，行距 15 ~ 20 厘米；采用撒播时，将草种均匀撒在整理过的土壤表面，撒播方法多适用于白三叶、红三叶等匍匐性较强的草种。

4）播种深度　土壤黏重的地块，播种深度宜浅；壤土和沙壤土的地块，播种深度稍深。小粒种子的播种深度宜浅，大粒种子的播种深度稍深。

5）播后覆土镇压、灌水　条播后用钉耙搂土覆盖；撒播后用钉耙进行同一方向轻耙，将种子耙入土中；无论条播还是撒播，播种后要立即进行人工脚踩或利用镇压器具镇压。有条件的可以覆盖稻草、麦秸等保墒，草籽萌芽拱土时撤除。

镇压后，采用漫灌或喷灌的方式及时浇水 1 次，以保持 20 厘米以内土层的土壤湿润。

6）苗期杂草防除　人工生草苗期，手工拔除播种园区内的杂草；树盘下及园区四周田埂的杂草使用割草机及时刈割；不使用除草剂等化学方法去除杂草。

5. 施肥　根据苹果树不同品种的实际需肥要求进行正常施肥，在增施有机肥的基础上，减少化肥施用量。人工生草苗期可随水增施氮肥，每亩 15 ~ 20 千克。有机生产苹果园不应施用化学无机肥料。

6. 灌溉　结合果树冬灌，及时灌冬水 1 次，以保持 20 厘米以内土层的土壤湿润。其他生长时期，果园根据不同树种的实际需水量要求进行正常灌溉。雨季给草补施 1 ~ 2 次以氮肥为主的速效性化肥，促进草的生长，每次每亩用量 10 ~ 15 千克。可以趁雨撒施。

（四）刈割

生草后适时刈割可改变草的高度、抑制草的生长发育，避免草与果树争夺养分。多次刈割可调节草种演替，刈割季节、次数由草的高度及长势来定，刈割留茬高度应依照草的最低更新高度，与草的品种有关。一般禾本科草要保住生长点（心叶以下），而豆科草要保住茎的 1 ~ 2 节。以豫东黄河故道地区的苹果园为例，夏季雨量充分，草生长旺盛，一般需刈割 4 ~ 6 次，刈割留茬高度以 20 厘米左右为宜。

1. 刈割时期　苹果园内自然生草和人工生草的草层自然高度达 30 ~ 40 厘米时应刈割。自然生草的草种生长季节适时刈割，刈割时间掌握在拟选留草种抽生花序之前，拟淘汰草种产生种子之前，以调节草种演替。在河南地区的自然气候条件下，每年刈割次数以 3 ~ 5 次为宜，雨季后期停止刈割。秋播当年不进行刈割，自然生长越冬后进入常规刈割管理（图 6-9）。

图 6-9　果园生草刈割

2. 刈割留茬高度　适宜刈割留茬高度为 15 ~ 20 厘米。刈割时，先保留周边不割，给昆虫或天敌保留一定的生活空间，等内部草长出后，再将周边杂草割除；生长季节适时刈割，留茬高度 20 厘米左右。雨水丰富时适当矮留茬，干旱时适当高留，以利调节草种演替，促进禾本科草发育。刈割时留草种如马唐、稗等，藜、苋菜、苘麻等在产生种子之前割掉。刈割下来的草覆在行内垄上。

3. 刈割后利用 不论人工种草还是自然生草,在草旺盛生长季节都要刈割 2 ~ 3 次,刈割下来的草覆在行向垄上、树盘下,覆盖厚度 10 厘米左右;也可收集起来堆积沤制堆肥。

4. 病虫害防控 结合苹果树病虫害防控施药,给地面草被喷药,防治病虫害。自然生草的草被病虫害较轻,一般不会造成毁灭性灾害;种群结构较为单一的商业草种形成的草被病虫害较重,尤其锈病、白粉病、二斑叶螨等要注意防控。

5. 注意事项 为保持生态多样性,不同草种间可以混播建立草被,如黑麦草 + 马唐、三叶草 + 马唐和三叶草 + 黑麦草 + 高羊茅等,草被均十分理想。

为保证草种的良好长势和产草量,要适量给草施肥。雨季给草补施 1 ~ 2 次速效性化肥,以氮肥为主,促进草的生长,每次每亩用量 10 ~ 15 千克即可。可以趁雨撒施。

结合果树病虫害防控施药,给地面草被喷药,防治病虫害。

七、果园机械化

苹果园机械化是在果树栽培管理及果品生产各项作业中，用机械代替人力操作的过程。果园作业主要有土壤耕作、苗木培育、移栽嫁接、果树施肥、树体修剪、灌溉、病虫害防治、中耕除草、果品收获等。用机械完成上述作业，既能减轻劳动强度，又能抢农时，减少损失，为果树生长发育创造良好条件，促进果品优质高产。本章主要介绍了果园土壤整理机械、果园除草机械、苗圃培育树苗种植机械、果园植物保护机械、多功能果园作业平台、果园水肥一体化设备和果园其他设备。

（一）果园土壤整理机械

在果园管理上，土壤整理是一项作业量大、劳动强度大的工作。土壤整理机械能完成挖坑、开沟、碎土、抛土、覆盖等多道工序，沟宽和深浅均可调，且抛土覆盖均匀、不需人工清沟。随着农村劳动力成本的不断提高和青壮年劳力的短缺，果园土壤整理的机械化需求越来越强烈。

1. 果园旋耕机 旋耕机按作业幅宽可分为 1 米型、1.2 米型、1.3 米型、1.2 米单侧加宽型和 1.3 米单侧加宽型几种，用户可以根据作业需要选用（图 7-1）。另外，该旋耕机可安装除草轮，进行果园除草作业，具有作业效率高、拆装灵活等特点。

图 7-1　果园旋耕机

2. 果园微耕机 果园微耕机（图 7-2），配备除草轮、旋耕刀、工作铁轮，可进行果园内的旋耕、除草、施肥等作业，还可以配备打药泵、开沟铲，根据需要配备其他的农具，实现果园内的一机多用，降低了果农的劳动强度和其他生产投入。

图 7-2 果园微耕机

3. 多功能果园管理机 多功能果园管理机（图 7-3）可以除草、开沟施肥、回填，也可选装打药机，体积小、操作简便灵活、能实现多功能作业，可以实现百米遥控，操作简单。

图 7-3 多功能果园管理机

4. 挖坑机 采用钻台自动提升装置，操作过程轻便灵活，劳动强度低（图 7-4）。配备 4.8 千瓦发动机，作业效率达 60 ～ 100 坑 / 小时，是人工挖坑的 10 ～ 15 倍。钻台钻坑速度手控可调，配有过载安全保护装置，确保安全可靠。可快速更换钻头，能满足不同环境下不同直径、不同深度的植树挖坑要求。

图 7-4 挖坑机

（二）果园除草机械

割草机种类较多，一般每台割草机每日可割草 15 亩，它的功效相当于人工除草的 15 倍。由于割草机旋转速度快，对果园杂草的切割效果好，特别是对嫩度高的杂草的切割效果更佳，一般一年刈割 5 次。采用割草机除草，有很多好处，因为只是割掉地上部分杂草，对土壤表面没有影响，加上草根的固土作用，对保持水土极为有利，割下的大量杂草又覆盖在树盘里，可作果园的有机肥，增加土壤肥力。

1.骑乘式割草机 骑乘式割草机（图 7-5），设计原理先进，驾乘和操控舒适。采用液压驱动，作业平稳，制动敏捷，可以在 25°以下的坡道、不平整的田间、恶劣的野外环境下正常工作，适合中小型果园控草管理。

独有的高草、杂木切割技术，可以切割直径小于 5 厘米的杂草、灌木、芦苇等植物；整车采用多种安全运行保护装置，具有启动保护、座椅自测、强化钢整车护栏等众多安全功能。

图 7-5 骑乘式割草机

2.悬挂式割草机 悬挂式割草机目前有 1.2 米悬挂式割草机（图 7-6）和 1.6 米悬挂式割草机（图 7-7）。

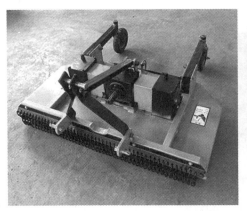

图 7-6 1.2 米悬挂式割草机

图 7-7　1.6 米悬挂式割草机

3. 调幅割草机　可与 29~66 千瓦拖拉机配套，后悬挂式作业，作业幅宽可在调幅范围内无级调整，对作业行宽适应性好，结构紧凑，性能可靠，作业效率高（图7-8）。

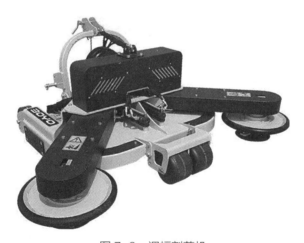

图 7-8　调幅割草机

（三）苗圃培育和树苗种植机械

包括苗圃或苗床播种、挖苗、树苗移栽和种树等项作业使用的机械。有大苗起苗机、小苗起苗机 2 种。小苗起苗机适宜挖掘 60 厘米左右高、主根直径在 2 厘米以内的树苗，挖苗深度达 32 厘米。大苗起苗机的挖苗刀装在机架的一侧，上面没有横梁，以便使树苗顺利通过，有些还安装有与挖苗刀对称配置的铧式犁，在挖苗的同时翻耕苗圃土壤。

1. 大苗起苗机 果树成品苗挖掘起苗,采用有限元分析等手段优化设计起苗铲,增加机械传动式震动尾筛筛分土壤,在提高起苗质量的前提下,有效减轻苗木捡拾时的土壤阻力,提高苗木捡拾劳动效率,减轻捡拾工作强度,生产效率显著提高(图7-9)。

图7-9 大苗起苗机

2. 断根施肥机 对海棠、山定子等实生苗进行断根处理,切断主根,同时施肥,结合灌溉,促发侧根发育,培育壮苗(图7-10)。

在园艺要求的合理深度部位,切断实生基苗主根,切口整齐,不产生土垡移动和翻转现象,同时追肥,促发侧根生长,培育壮苗,提高苗木根系的发育质量。

图7-10 断根施肥机

（四）果园植物保护机械

植物保护机械用于防治危害植物的病、虫、杂草等各类机械和工具的总称。我国果园机械化最早开始于植保机械，果园植保是各项果园管理作业中机械化水平最高的。一般按所用的动力可分为：人力（手动）植保机械、小动力植保机械、拖拉机配套植保机械、自走式植保机械、航空植保机械。

1. 风送迷雾式打药机 采用先进工艺与全新设计理念制造，整机结构合理，主要部件采用进口国际先进零部件，产品性价比高（图7-11）。高强铜制喷嘴采用耐磨陶瓷芯片，喷射角度可微调，喷嘴孔径可快速切换，并配备防滴阀。进风配置平衡导向装置，喷雾均匀，农药药液利用率高。可满足多种喷洒作业要求，适合于中小型果园。

图7-11 风送迷雾式打药机

2. 风送喷雾机 可与29～74千瓦拖拉机配套，后牵引式作业。采用进口高强度耐腐蚀PE工程塑料药箱，标配管路冲洗用水箱，及自清洗管路过滤器，并配有洗手水箱（图7-12，图7-13）。

采用先进的射流搅拌器作为药箱的混药动力，能够保证工作中药液不发生沉淀，对粉剂和低溶解度农药有较强的适用性。强力风送式结构配以进口大排量隔膜泵，喷洒穿透力较强，适合各种种植密度的作物，有效保证了叶面和叶背喷洒效果相同。牵引架取用与拖拉机下拉杆连接，工作中可实时调节离地高度，坡地通过性更好。

图7-12 风送喷雾机

图 7-13　风送喷雾机作业

（五）多功能果园作业平台

果树整枝修剪、花果管理、采收运输多动能型果园作业平台（图 7-14），全液压驱动，配有电动剪、采摘袋、标准果箱等功能装置。

图 7-14　多功能果园作业平台

（六）果园水肥一体化设备

智能滴灌技术，是将对好的肥液借助滴灌系统，将水分和养料按照苹果各生长阶段的不同需求，适时、适量、均匀地输送到植株根部，满足苹果生长所需的水分和养分供给。果园采用水肥一体化设备（图7-15），不仅水肥均衡，省时、省工，而且肥料用量可减少50%，水量也只是沟灌的30%~40%。此外，滴灌还能控制浇水量，降低湿度，提高地温，减工降本、节水抗旱、减肥增效、增产增收等效果都非常明显。

图7-15 水肥一体化设备

水肥一体化是通过节水设备使灌溉和施肥同步进行的技术。这种技术是根据果树的需水、需肥特点，在压力作用下将肥料溶液注入灌溉输水管道，使肥料和水分准确均匀地滴入果树根区，适时、适量地供给果树，实现了水肥同步管理和高效利用的一种节水灌溉施肥技术。具有显著的节水、节肥、省工的效果。专业标准化水肥一体化设备一般被商业化大型果园使用，建设和维护成本较高，不易被小型果园种植户接受，而以重力自压式和加压施肥枪式为代表的简易水肥一体化设备因成本低和维护简单更受果农欢迎，在生产中应用较为广泛。

1. 重力自压式简易水肥一体化 重力自压式简易水肥一体化是利用果园自然高差或者三轮车车厢所装载储水罐的高差，采用重力自压方式，将配好的肥水混合物溶液通过铺设在果园的简易滴灌带系统滴入果树根系密集区域的一种供水施肥模式。适宜果园面积为 1 ~ 10 亩。水源来自自来水、水窖或池塘水沟中富集的雨水等。

1）设备组成与安装　设备组成主要有三轮车、储肥水罐（最好可存 1 000 千克水）和网式过滤器（图 7-16）。主管用 PVC 管或 N80 地埋管，毛管用硬质 PE 迷宫式滴灌管或侧翼贴片式滴灌带等。采用农用三轮车机械拉水。

图 7-16　重力自压式简易水肥一体化设备

系统安装时水源与滴灌管高差 1.5 米左右。主管带一般选用 N80 型（直径 80 毫米或 50 毫米）的水带。滴灌带单根长度一般 40 ~ 50 米，实际使用时如果土地长度超过 60 米，可将主管带引到地中间向两边进行铺设，保证灌水均匀。在主管带上打孔安装滴灌带时，尽量打小一点，将螺丝从主管带一端灌入主管带，用手换至开孔处，用力顶出螺丝，加上橡胶垫，拧上螺母，再将滴灌带套上，用卡子卡紧即可。对于冠幅较小（冠径小于 1.5 米）的宽行密植果园，每行果树滴灌带在树干附近铺设一条即可；对于冠幅较大的果树，则需要在树行两边树冠投影外缘向树干方向 30 ~ 50 厘米的位置铺设两条滴灌带。

2）用水用肥量　在亩用水量上，自压式滴灌每次用水 5 ~ 8 米^3，可根据土壤水分状况和果园情况灵活掌握。全年 5 ~ 6 次，根据土壤含水量灵活掌握，每年亩施肥水 30 ~ 50 米^3。肥料采用液态水溶肥或固体水溶肥料，使用浓度为 0.5% ~ 1%。

3）使用方法　在配肥时，采用二次稀释法进行，首先用小桶将水溶肥或复合肥和其他黄腐酸、氨基酸类水溶有机肥化开；然后再加入储肥桶，注意：没有过滤器的在加入大罐时一定要用 80 ~ 100 目滤网进行过滤，不溶物不要加入大罐，防止滴孔堵塞。储肥罐和果园的高差在 1 ~ 3 米即可，高度过大时，简易滴灌带会出现射流现象。一般来说，每次灌溉水量应当在 8 米^3 左右；对于水源不方便的区域，每次滴水量为 1 ~ 2 米^3/ 亩。干旱时，应加大水量，下雨后施肥，可以适当减少水量。施肥时应当尽量采用少量多次的方式进行。每次施有机无机类液体肥 15 ~ 20 千克 / 亩，无须再施基肥（图 7-17）。

图 7-17　重力自压式简易水肥一体化

2. 加压施肥枪简易水肥一体化　加压施肥枪注射施肥就是把原果园喷药机械装置（水桶、打药泵、三轮车、高压软管等）稍加改造，将喷枪换成施肥枪即可（图 7-18）。追肥时将要施入的肥料溶于水，药泵加压后用追肥枪注入果树根系集中分布层。适宜于用水特别困难的干旱区域，或水费贵、果园面积小而地势不平、落差较大的区域。适宜果园面积为 667 ~ 3 335 米^2，适合我国绝大多数一家一户小规模经营果园使用。对肥料的要求较低，选用溶解性较好的普通复合肥即可，不需要用昂贵的专用水溶肥。水源主要来自自来水、水窖或沟底池塘中富集的雨水。

1）设备组成与安装　三轮车、柱塞加压泵、储肥水桶（最好可存 1 000 千克水）、高压药管和施肥枪（图 7-18）。采用农用三轮车机械拉水，将高压软管一边与加压泵连接，一边与施肥枪连接，将带有过滤网的进水管、回水管以及带有搅拌头的另外一根出水管放入储肥桶，检查管道接口密封情况，将高压药管顺着果树行间摆放好，防止管打结而压破管子，开动加压泵并调节好压力，开始追肥。如果采用一把枪施肥，另外一个出水管可加装搅拌头用于搅拌，加压泵的压力调在 2.0～2.5 个压力即可。如果用两把枪同时施肥，可根据高压软管的实际情况，将压力调到 2.5～3.0 个压力，用两个枪施肥时应避免两个枪同时停止，防止瞬间压力过大压破管子。

图 7-18　加压施肥枪简易水肥一体化

图 7-19　加压施肥枪简易水肥一体化设备

2）用水用肥量　每次每亩用水量1～2米³，可根据降水和土壤水分状况灵活掌握。追肥枪追肥水每次每株5～15千克，全年追施肥水4～6次，年施肥水9米³/亩以上。所用肥料可为液态水溶肥或固体水溶肥料，肥料浓度一般无机复合肥料浓度为2%～4%，有机肥料腐殖酸等也不要超过4%。浓度过高，容易引起根系烧根死亡。对于特别干旱的土壤，还应当增加配水量，对于新栽幼树，肥料浓度应降低到正常情况的1/4～1/2。

3）使用方法　在配肥时，采用二次稀释法进行。首先用小桶将复合肥等水溶性无机、有机肥化开；然后再依次加入储肥罐，在加入大罐时要用60～100目纱网进行粗过滤，少量水不溶物不要加入大罐，最后再加入微量元素、氨基酸等冲施肥进行充分搅拌。注射施肥的区域是沿果树树冠垂直投影外围附近的根系集中分布区域，向下45°斜向打眼，用施肥枪将水溶肥注入土壤中。施肥深度为20～30厘米，根据果树大小、密度，每棵树打4～12个追肥孔，每个孔施肥10～15秒，注入肥液1～1.5千克，2个注肥孔之间的距离不小于50厘米（图7-20）。

图7-20　加压施肥枪施肥

（七）果园其他设备

1. 果园多功能防护网　可以防冰雹、防鸟、防病虫害、防日灼等（图 7-21）。

图 7-21　果园多功能防护网

2. 果园环境测控系统及便携仪器　果园环境测控系统可直接测量土壤水分、光照和温度值，又可以实时测量每次采样的时间、水分、光照及温度含量数据，对水分时段分布进行分析，计算机存储和分析的各阶段数据可以导出、打印报表、提供曲线图等（图 7-22）。

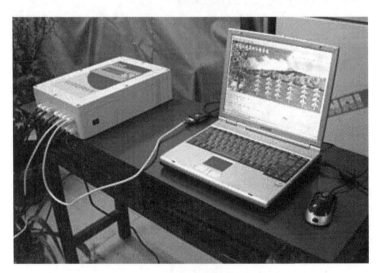

图 7-22　果园环境测控便携仪

3. 枝条粉碎机　主要用于果园、园林等场地的枝条直接粉碎作业（图 7-23）。

图 7-23　枝条粉碎机

4. 枝条及落叶粉碎机　该款切片机体积小，重量轻，移动方便，可以轻松解决果园修剪工作产生的树棍、树枝、枝条及落叶等绿色废料，性价比高。树枝粉碎后可以很容易转化成有用的覆盖物或高质量的堆肥（图 7-24）。

图 7-24　枝条及落叶粉碎机

八、苹果园减灾防灾

在苹果生产过程中，会遭受到多种自然灾害的威胁，这就需要我们切实做好灾害的预报、预警及不同灾害的防范与补救，以减轻灾害对苹果产量和品质的影响。本章主要介绍了在河南地区苹果园常发生的自然灾害，如旱灾、涝灾、雹灾、低温冻害、风灾、高温热害、鸟害等。

（一）旱灾

持续长时间无雨或降水量较少，造成空气干燥、土壤缺水，使苹果树正常的生长发育受到不同程度的抑制或损害，导致苹果树体衰弱、枝叶枯黄，甚至出现落花、落果、落叶，苹果大幅度减产甚至绝产、死树等严重危害。

1. 干旱对苹果的危害　在苹果生长发育期异常高温干旱，容易引起红蜘蛛、叶螨、干腐病、日灼病等根系、枝干、果实病虫害的发生。高温干旱还会影响果树根系的吸收能力，使土壤中的可溶性微量元素降低，加重一些生理病害的发生。此外，常与干旱相伴发生的高温热害不利于果实着色，使果品商品率降低；干旱再加上夏季温度过高，常诱发果实生理性病害日灼，由于水分供应不足，影响蒸腾作用，造成果实表面局部温度过高而遭到灼伤。

1）生理性落叶　严重水分胁迫促使叶片衰老，加速离层形成，并使叶片产生灼烧，即生理性落叶。

2）果实生长发育不良　果实内80%～90%为水分，保证水分供应是果实增大的必要条件，特别是在细胞增大阶段。此时若水分不足，持续时间长，因缺水使果实生长减少的量，也不能通过随后的供水而弥补。

当果树体内水分亏缺时，叶片往往从果实中夺取水分，满足蒸腾的需要。因此，在水分不足时，首先影响到果实内水分，在严重缺水的情况下，果实即停止生长，以致萎蔫。由于果实的渗透压高于叶片，在干旱条件下果实很容易出现异常，影响膨大、产量和品质。

3）影响果树授粉受精　花期遇高温干旱异常天气，由于空气相对湿度降低，气候干燥，果树花粉发芽和花粉管生长受到抑制，使果树的授粉受精难以进行，降低坐果率。

2. 干旱的防控措施

1）完善水利设施　完善抗旱基础设施，因地制宜修缮灌溉渠道及水库，筑塘坝、建蓄水池、打旱井等，提高水资源调控能力；建立节水高效灌溉制度，提高水资源的利用率，完备灌水系统，有条件的地方应积极推行滴灌、喷灌、微喷等节水灌溉方法，努力做到遇旱能灌、遇涝能排（图8-1）。同时对果农宣传普及节水技术，提升节水意识。

图8-1　果园浇水防旱

2）选择适宜的种植技术　果园起垄栽培可增加土层厚度，增加土壤通透性，扩大根系活动范围，有利于提高果树地下新根的数量和比例。果园覆盖技术（覆膜、覆草和覆沙）能减少水分蒸发，提高根际土壤含水量。尤其是果园覆草可减少地表的蒸发量，调节水、肥、气、热，为苹果树根系生长造就良好的生态环境条件。

3）增强树势　增施有机肥，如圈肥、堆肥、草肥、绿肥等，可增加土壤有机质含量，改善土壤结构，增强土壤的透水性、保水保肥性；疏松土壤，改善土壤通气性；合理对苹果树进行修剪，保护叶片；加强果园管理，养根壮树的目的是为了提高苹果树的抗逆能力。

3. 灾后补救措施

1）人工灌溉，解除旱情　在有一定灌溉条件，但水源不足而发生旱情的地区，要推广"果园起垄覆膜＋小沟灌水"技术进行节水灌溉，尽快解除旱情；对于无灌溉水源、旱情发生又较重的地区，提倡实施果园地膜覆盖、穴储肥水技术，或树盘覆膜渗灌技术。

2）树体管理　干旱情况下苹果树的修剪，主要是通过疏枝、疏果，减少枝叶量和结果量，从而减少果树蒸腾失水的有效面积，降低蒸腾失水量，达到节水、抗旱的效果，提升果实的品质和产量。喷施植物蒸腾抑制剂（黄腐酸、高岭土、TCP植物蒸腾抑制剂等）可降低叶表面的蒸腾作用，减少水分散失；此外，苹果树叶片连续2～3次喷施阿司匹林水溶液，可减少因干旱而引起的落花落果。喷施植物营养液能迅速被植物吸收并高效利用，以调节树体生理机能、促进新陈代谢，提高抗逆能力。高温干旱季节，叶面可连续喷施400～500倍液的尿素、磷酸二氢钾等高效叶面肥，补充水分和养分。

3）人工降雨　适时开展人工降雨作业，选择合适时机用飞机向云中播撒干冰、盐粉等催化剂，使云层降水或增加降水量，以解除或缓解干旱灾害，改善土壤墒情。

4）病虫害防控　加强土、肥、水综合管理，养根壮树，提高树体抗病虫能力，减少果实生理病害的发生；加强树体管理和整形修剪，改善果园通风透光条件和生态环境。根据病虫害预测预报，及时进行药剂防控。

（二）涝灾

适宜果树生长的土壤田间持水量为60%～80%，而雨涝后土壤中所含水分大多在90%以上，过多的水分使果树根系长期渍水变褐腐烂，从而使果树生长发育受到严重影响，果树产量和果实品质都会明显降低。雨涝灾害是频发性、季节性的严重自然灾害之一。

1. 雨涝对苹果树的危害　连续阴雨时间过长，或暴雨涝害之后排水不良、地面积水长期不退，使果树受淹，严重时果树根系因缺氧而死亡。在河南地区，降水量集中在夏季，因降水频繁或短时连降暴雨，总雨量过大而发生涝害。有些地方地势低洼，排水不良，降水稍多，土壤水分就处于饱和状态而发生湿害。

2. 雨涝的防控措施

1）健全排水系统　可在果园周围修排水沟，与坑塘、沟渠连通，当果园积水时，水由园中的渠道流入排水沟，再顺排水沟流入坑塘等（图8-2）。无排水沟的果园可人工排水，在果园周围筑起田埂，用小型抽水机把水抽出园外，或用人工提水的方法把园中的水排出（图8-3）。及时排出积水，是防止果园雨涝的根本措施。

图8-2　果园积水

图8-3　果园涝灾排水

2）果园起垄栽培、果园生草等　果园起垄栽培、果园生草等是防止雨涝危害的重要农业措施，果园生草后地表积水较少，加上草被的大量蒸腾作用可加快雨水的散发，与清耕园相比，生草园因雨涝带来的危害较轻。在河南平原地区，苹果树起垄栽培是把苗木种植在事先筑起的高垄上，两行树中间呈浅沟状，克服平原低洼地区果树栽培中存在的幼树徒长、旱涝严重等不良现象；起垄栽培的果园，暴雨后地表水能迅速从垄沟排出，避免田间积水，降低田间湿度，预防涝害和病害。

3）加强雨涝灾害监测预警　为减轻雨涝灾害的影响，在洪涝发生之前进行预测、预警；在洪涝发生过程中，实时监测雨涝的强度、发展态势以及对人们生活生产的影响，并对洪涝可能发生的区域、时间和危害程度，提供防汛减灾的对策措施。

3. 减灾

1）排涝清淤　有积水的果园迅速排除园内的积水，利用明沟或机械排水（图8-4），降低地下水位，保证果树正常呼吸，防治根系沤根、烂根，进而影响养分供给造成叶片短期内快速萎蔫。对水淹较轻的果园，雨后要及时疏通渠道，排出果园积水，并将树盘周围1米内的淤泥清理出园，以保持树体正常的呼吸代谢。对水淹严重的果园，要及时修剪果树，去叶去果，减少蒸腾量，并清除果园内的落叶落果。

图8-4　果园排水

水分排出后，应及时将树盘周围根茎和粗根部分的土壤扒开晾晒树根，可使水分尽快蒸发，增加土壤透气性，促进根系尽快恢复吸收功能和旺盛生长，待经历3个晴好天气后再覆土。对受涝而烂根较重的果树，应清除已溃烂的树根。对外露树干和树枝用1：10的石灰水刷白，并用稻草、麦草包扎，以免太阳暴晒，造成树皮开裂。

2）清园修剪　及时剪除水灾引起的病枝、病叶，加强灾后修剪；对已挂果的果园全面清除果园的落果、落叶，拉到园外深埋。剪截断枝残枝，集中焚烧，减少病菌传染。另外，在修剪时把伤口剪平，减少伤口面积，以利于伤口愈合。

3）扶直培土　果园土壤经水泡后固着根系力差，易引起倒伏。在灾后 2 ～ 3 天土壤尚湿润松软时直接扶正，对倾斜或者伏地的树，进行扶直培土，培土后踏实，避免再次伤根，必要时可设立支柱，防止动摇和再次歪倒。

4）适当追肥　果树受灾后，树体长势减弱，急需补充大量营养。增施肥料恢复树势，用 0.3% 磷酸二氢钾溶液，每隔 10 天叶面喷施 1 次，连喷 2 ～ 3 次，叶面喷肥可与喷药同时进行。此外，要抓住土壤墒情好的时机，早施有机肥。受灾严重的果园可追施磷钾肥、果树专用肥、磷酸二铵等，施肥量依树体大小而定，做到少量多次。

5）防治病虫害　雨涝期潮湿的空气为病虫害滋生、蔓延创造了有利条件，加上果树组织软化，抗病力弱，加剧了病虫害发生。高温多湿的气候环境，有利于果实轮纹病、炭疽病、早期落叶病等多种病害的发生和蔓延，且受灾后整个树体生命力降低，所有受灾果园在灾后晴天迅速喷 1 次杀菌剂。轮纹病可用轮纹终结者、10% 苯醚甲环水分散粒剂 2 500 倍防治。褐斑病严重的果园，先喷 1 遍三唑杀菌剂，如 43% 戊唑醇悬浮剂 4 000 倍液，7 ～ 10 天后喷 1 遍波尔多液。对炭疽病与叶枯病的防治，可选用 50% 异菌脲可湿性粉剂 1 000 倍液 +20% 吡唑咪菌酯可湿性粉剂 2 000 倍液；发生较重的果园，在施药前可选用 60% 二氯异氰尿酸钠可溶性粉剂 1 000 倍液对地面进行喷雾，减少田间菌源。

（三）雹灾

雹灾是冷暖空气在对流云中交汇形成的恶劣天气，时常伴随有大风、大雨或暴雨。冰雹袭击可造成苹果树体及枝、叶、果实遭受不同程度的砸伤、折断、脱落，使苹果大幅度减产甚至绝产。雹后土壤、气温骤降，使苹果树体遭受不同程度的冻害，丧失商品价值，给果农造成了严重的经济损失。

1. 冰雹对苹果的危害　在河南地区冰雹也常有发生，多发生在春末夏初季节交替时，此时暖空气逐渐活跃，带来大量的水汽，而冷空气活动仍很频繁，这是冰雹形成的有利条件（图 8-5）。在夏秋之交冰雹也常发生。

2. 防灾　果实套袋可明显地减轻冰雹灾害造成的损失。在果园架设防雹网，阻止冰雹冲击，从而起到保护果树的作用，可减轻冰雹灾害损失（图 8-6）。

图 8-5 果园雹灾危害

图 8-6 套袋防果园雹灾

政府已经提出加强智慧农业的发展，对雹灾及其他自然灾害预测的准确性将基于农业大数据大大提高，在综合分析果园立地条件、经纬度及气象等数据的基础上进行科学分析研判，提前预警并在短时间内做出科学响应。设施栽培是解决雹灾的有效途径。在果园上方架设防雹网，并根据农业大数据的分析，有选择地阶段性覆盖，既不影响光合作用，也可有效阻断冰雹来临时对果树的危害。

3. 减灾

1）清理果园，减少病源　及时清理果园内沉积的冰雹、残枝落叶，剪除因雹灾折断的枝条，清理掉在地上的果实、果袋，清到园外深埋，防止病虫扩散侵害。对于雹灾过后有淤泥积水的果园，应及时排出积水，清除淤泥，露出果树主干。

2）喷药保护　果实、叶片、枝条、树干受害后，会造成一些伤口，易感染各类病害，灾后全面细致喷施一次杀菌剂。每隔 10 天喷 1 次 10% 苯醚甲环唑水分散粒剂 2 000 倍液或 43% 戊唑醇悬浮剂 4 000 倍液，交替喷施，连续 2～3 次，以防止轮纹病、腐烂病及早期落叶病等大面积发生；有条件的可在枝干上及时涂抹菌清或轮纹终结者杀菌剂，减少侵染，尽可能降低雨涝造成的损失。

3）疏松土壤，养树壮根　雹灾发生后应连续翻刨土 2～3 次，不仅可散发土壤中过多的水分，改善土壤的通透性，还可恢复和促进根系的生理活性，从而达到养根壮树的目的。

4）加强肥水管理，培养树势　清理果园后，结合喷药喷施叶面肥，可喷施 0.3% 磷酸二氢钾，每隔 10 天 1 次，连喷 2～3 次；灾后每亩追施高氮高钾三元素复合肥 50～60 千克，施肥后立即浇水，促进树势恢复，增加营养积累。在苹果树恢复生机后，施肥以农家肥为主，并配合适量化肥，为翌年丰产打好基础。

5）雹伤处理　果树主干、主枝和一些较大侧枝的皮层被冰雹打伤后，应及时剪除翘起的烂皮，涂抹康复剂、果康宝等药剂保护，提高伤口的愈合能力；对一些较大的主枝，雹伤面积较大的雹痕，在涂抹药剂的同时，用塑料薄膜包裹以加速伤口的愈合。

6）疏果　灾后及时疏除雹伤严重的残次果，以节省养分，尽快恢复树势。摘除的残次果可作为果汁、果醋加工原料出售。

（四）低温冻害

苹果在越冬时期及春季气温回升期极易遭受低温冻害，造成苹果树体及组织器官（花芽、枝条、树干等）受到不同程度损害，严重时常导致大树死亡（图 8-7）。其受冻害的程度取决于低温的强度、持续时间等气象因素，以及品种的抗冻性等。低温冻害常常造成苹果大幅度减产，是苹果种植过程中遭受的最大的自然灾害之一。

图 8-7　果园花期霜冻

1. 低温冻害对苹果的危害　在苹果种植过程中观察到，冻害发生的时间除特别寒冷的冬季外，秋末冬初骤然降温或春季乍暖还寒的时候易受冻，此时树体内的水分时冻时消，抗寒能力差。

1）冬季低温　冬季骤然降温、低温出现的早、持续时间长，冻害的发生率较高。冬初起伏不定的气温常导致根茎、树干等受冻，根茎部位停止生长最晚，加之近地表温度变化也较大，因此根茎易受低温及变温伤害，使皮层受冻。

2）春季低温　在初春气温逐渐回暖时期，苹果树体已经解除休眠，各器官抵御寒害的能力较弱，当连续升温几天后遇到强寒流袭击时更易受害。苹果在花期气温降到 -2 ~ -1℃时便会受到冻害，-3℃以下的低温便可产生严重损失。到坐果期，即使遇到短暂的 0℃以下的低温，也会给幼嫩组织带来危害（图 8-8，图 8-9）。花期低温冻害，往往伴随着昆虫授粉活动的减少和终止，从而降低坐果率，有时部分晚花受冻较轻或躲过冻害坐果，依然可保持一定的产量，而幼果期低温冻害则往往造成绝产。

2. 低温冻害的防控措施　及时发布预报、预警信息。在河南地区近几年来出现气温异常，导致苹果花期冻害或苹果树萌芽开花有所提前。果业部门一定要结合气象部门的预测预报，准确分析判断春季天气变化对果树萌芽、开花和幼果的影响，做好强降温、暴雪等灾害性天气的预测预报工作，及时将信息传达给果农。

出现急剧降温最容易对果树造成冻害，要注意天气预报进行防范。花期密切关

图 8-8　苹果幼果期冻害形成的霜环

图 8-9　苹果幼果期低温冻害

注天气预报,在低温发生前,进行果园灌水,利用水热容量大的性质,减少霜冻期温度下降幅度,减轻霜冻危害。根据天气预报和果园实测温度,当园内气温下降到0℃以下时,果园内点燃湿柴草或发烟剂,使果树得到烟幕层的保护,冷空气不能下沉,以防冻坏花器。低温冻害发生后,及时喷600倍宝丰灵、0.2%硼砂、赤霉素等,均可显著地提高坐果率。

1)树盘覆草　果树发芽后至开花前灌水或喷水1～2次,可减缓地温上升速度,显著降低果园地温,能够推迟花期2～3天。早春用秸秆或杂草覆盖树盘,厚度为

20～30厘米，可使树盘升温缓慢，限制根系的早期活动，从而延迟开花。如灌水和树盘覆盖相结合，则效果更好。该类方法操作简单，成本低，在生产中易于推广应用。

2）树体喷水　当田间温度可能降至0℃时，为避免发生冻害，可利用果园喷灌系统或大型弥雾机提前对苹果树进行喷水。喷水后在低温条件下树体表面可形成一层保护性冰层，同时降温时水释放出潜热，可起到缓冲作用，使苹果花器免受冻害或减轻冻害，能明显提高坐果率，降低损失。该措施需要专业化设备和机械，易在商业化大型果园应用。该方法同样存在在温度过低时效果不佳甚至加重冻害发生的缺陷。

3）涂白或喷白　早春对苹果树干、主枝进行涂白，树冠喷10%～20%的石灰水，涂白和喷白后，可以反射光照、减少苹果树体对热能的吸收，进而降低苹果树体的温度，可推迟开花3～5天。涂白剂可采用生石灰10份、食盐1～2份、水35～40份的配方配制，也可购置市售的商品涂白剂，效果更好。

4）物理扰动空气　利用逆温现象，对果园上方空气进行物理扰动，混合小环境内的上下层空气，促进冷暖空气对流，提升果园树蓬面温度，能够起到良好的防霜防冻效果（图8-10）。

图8-10　物理扰动空气防霜防冻

5）应用植物防冻药剂和矿质营养　冻害对植物的伤害主要是破坏细胞膜结构，由于细胞间隙的水溶液浓度比细胞液低，便引起细胞内水分外渗，进而引起代谢失调。苹果花期低温空气来临前，果园可喷施天达2116、芸薹素等植物防冻药剂，可以较好地预防冻害。天达 2116 为植物细胞膜稳态剂，具有稳定和保护植物细胞膜的功能，喷施后可以有效地降低细胞质液的渗出，保持水分，对细胞起到保护作用，即使发生冻害，也能及时修复细胞的膜系统，从而达到预防冻害的目的。芸薹素为新型植物内源激素，喷施后能显著地增加植物的营养体生长和促进受精，提高作物的抗寒、抗旱、抗盐碱等抗逆性。此外，在冻害来临前，可以喷施黄腐酸钾、磷酸二氢钾等矿质营养，同样可以提高果树的抗寒性。

3. 减灾

1）辅助人工授粉　冻害发生后，已经疏花的要立即停止疏花，还没有疏花的要延迟疏花，待果实坐定以后进行一次性定果。在花托未受害的情况下，喷布天达 2116 等，可以提高坐果率，弥补一定产量损失。实行人工辅助授粉，促进坐果。如果花未开完，可立即进行人工授粉，并喷施 0.3% 硼砂 + 1% 蔗糖液，提高坐果率。授粉时间以冻后剩余的有效花（雌蕊未褐变的中心花、边花或腋花芽花）50% ~ 80% 开放时进行，重复进行 2 次。

（1）人工点授法　采用当年制备的新鲜花粉，点授时把花粉按 1∶1 的比例加入滑石粉中，用毛笔或铅笔的橡皮头、医用棉签等蘸花粉后逐花触碰待授粉花朵柱头 2 ~ 3 下，适用于冻害严重果园。人工点授坐果率高，但工效慢。

（2）机械喷粉或液体授粉

☞ 使用授粉枪开展机械喷施花粉　用当年新鲜花粉喷粉时把花粉按 1∶10 的比例与滑石粉或细玉米面混合均匀后用喷粉器喷于花朵柱头上。

☞ 使用超低量喷雾器液体授粉　参考配制比例为：干花粉 10 克加蔗糖 250 克、尿素 15 克、硼砂 5 克，混匀后加水 5 千克，搅拌后用 2 ~ 3 层纱布滤去杂质，随配随用，放置时间不宜超过 2 小时。

☞ 花粉悬浮液喷雾法　喷雾时，把 30 克花粉加入 100 千克含硼砂 0.2% ~ 0.3%、0.6% ~ 0.7% 的营养液中混匀后喷于花朵柱头上即可。采用多种方法进行人工授粉，可以解决冻后由于花器畸形、授粉昆虫减少、花粉和雌蕊生活力下降引起的授粉困难和授粉不足的问题。

2）加强土肥水综合管理　花期冻害发生较重的苹果园，树体产能、抗逆性和生理机能不同程度下降，应及时补充肥水，以缓解冻害造成的不利影响。冻害发生后，果园灌水 1 ~ 2 次，可以缓解冻害发生程度。叶面可喷施浓度 0.3% ~ 0.5% 尿素 +0.2% ~ 0.3% 硼砂或其他含硼的叶面肥料，快速补充营养，促进剩余的花器官发育和机能恢复，以利于授粉受精和开花坐果。施肥，及时施用水溶性好的三元素复合肥、土壤调理肥、腐殖酸肥等，养根壮树，促进根系和果实生长发育，增加单果重，挽回产量损失，以减轻灾害损失。

3）加强病虫害综合防控　果树遭受冻害后常诱发多种枝干病害，如腐烂病、轮纹病等，树体衰弱，抵抗力差，容易发生病虫危害，因此，要注意加强病虫害综合防控，尽量减少因病虫害造成的产量和经济损失。

（五）风灾

1. 大风对苹果的危害　在河南地区大风时有发生，影响苹果授粉受精、吹断枝梢或造成严重落果，使苹果大幅度减产甚至绝产（图 8-11）。

2. 防灾　及时发布预报、预警信息。在豫东黄河故道地区近几年来出现气温异常，导致苹果花期冻害或苹果树萌芽开花有所提前。果业部门一定要结合气象部门的预测预报，准确分析判断春季天气变化对果树萌芽、开花和幼果的影响，做好大风等灾害性天气的预测预报工作，及时将信息传达给果农。

3. 减灾　大风过后需捡落果，风刮倒的大树及树枝要及时清除。扶正

图 8-11　果园风灾

果树、架桩，根系裸露的果树及时用新土培护；清理园区内的枝叶乱石；修复损毁的设施，梳理绑缚果树枝；剪除断、损枝叶和疏除部分果实。

（六）高温热害

果树高温热害是指温度上升到植物所能忍受的临界高温以上，对植物生长发育

以及产量造成损失的一种气象灾害。夏季高温天气常造成植株叶片干枯、脱落，果实灼伤、萎缩、脱落及畸形果等，苹果不能正常成熟，对果树产量、产品品质产生显著影响。

1. 高温对苹果的危害 高温极易引起空气干燥，增加果树水分蒸发，降低土壤墒情，出现干旱。高温干旱不仅会使果树叶片气孔不闭合，加剧枝叶水分蒸发，直接影响幼果发育，导致生理落果现象发生，且会降低果树光合作用，增大果树呼吸强度，减少有机营养合成和积累。还常引起枝干和果实日灼，加重白粉病、叶螨、潜叶蛾等病虫危害，给果业生产带来严重损失。

1）影响生理活动 第一，超过温度补偿点以上的高温，使果树光合作用与呼吸作用的平衡遭受破坏，呼吸大于光合，消耗储藏养分，导致饥饿和死亡；第二，高温促进蒸发作用，破坏水分平衡，导致果树萎蔫干枯；第三，高温可加强生长发育，缩短生育期，叶片早衰，使果树生长量减少；第四，高温可抑制氮化物的合成，导致氨积累中毒；第五，过高的温度还会使蛋白质合成酶变质、钝化，蛋白质只分解不合成，膜蛋白变性、凝聚，脂类移动，导致生物膜伤害。

2）影响果实着色 嘎啦等中早熟苹果着色期，适当低温遇降水能加速叶绿素的分解和增加花色素合成。据观察，嘎啦苹果脱袋后白天气温在30℃以上，夜温在20℃以上，呼吸消耗加剧，花青素合成受阻，影响着色。夜温低于20℃，昼夜温差达10℃以上，糖分高、上色快。

3）日灼危害 果树高温危害的突出表现之一是果实、叶片、枝干等器官组织坏死，称为日灼（图8-12）。日灼可分为2种，一种是日光直射后的高温所引起的组织伤害，造成果腐、叶枯等；另一种则是由于温度日较差过大，夜间果树组织结冻，白天日光直射，树温剧变，引起形成层和皮层组织伤害，尤其是连日阴雨后突然转晴，温度骤然升高，更容易引发日灼的发生。

4）花芽分化期危害 果树花芽分化期适温为20～27℃，30℃以上的持续高温天气会加速植株蒸腾，破坏树体的水分和养分代谢，营养积累大于呼吸消耗，就会影响花芽分化的数量与质量。高温、强光照会增强作物的呼吸强度，迫使作物进入休眠，减弱作物光合作用或无法进行光合作用，从而减少营养的合成与积累，影响幼果生长和花芽分化，继而影响翌年的开花数量。

5）果实膨大期危害 气温超过35℃，树体的呼吸消耗大，严重影响光合营养的积累，轻则果实膨大减慢，着色不良，果肉发绵，成熟一致性差；重则果实灼伤，

图 8-12　苹果日灼危害

果面变黄，果肩纹裂比例增加。如嘎啦苹果脱袋后白天气温在 30℃ 以上，夜温在 20℃ 以上，呼吸消耗加剧，花青素合成受阻，影响着色，严重影响果实品质。

2. 高温热害的防控措施　及时发布预报、预警信息。果业部门一定要结合气象部门的预测预报，准确分析判断天气变化对果树萌芽、开花和幼果的影响，做好高温灾害性天气的预测预报工作，及时将信息传达给果农。

1）果园生草　果树根系是对外界条件最敏感的器官，多数果树根系生长的最适温度在 13 ~ 26℃，超过 30℃ 或低于 0℃ 即停止生长。试验表明，生草的果园夏季地表温度较清耕园低 3 ~ 5℃。生草覆草给根系创造了一个生态最适稳定层，从而延长根系生长时间，促进树体养分的吸收与合成。

2）适时灌水　7 月中旬至 8 月上旬是全年持续时间最长的高温热害期。适时合理的灌溉，既可改善土壤水分供应和果园温湿度状况，又能满足叶片蒸腾和果实膨大对水分的需求，缓解干旱和高温热害对果树的危害。灌水切忌大水漫灌，以小水勤灌为宜。

遇到高温干旱的年份一定要及时浇水，避免在树体饥渴时大水漫灌造成吸收根不适应而大量死亡，夏季遇高温干旱必须在早晨或傍晚浇水。

3）搭防护网　在鸟害和冰雹多发区，可搭建防护网，既可防御鸟害和冰雹伤害，又可减少太阳直射对果实和树体的伤害。

4）防治虫害　高温干旱虫泛滥，阴雨连绵病暴发。从近几年的调查来看，高温热害期，苹果红蜘蛛、二斑叶螨、卷叶蛾、苹果黄蚜等害虫都有加重发生趋势。高温干旱的情况下，树体的抗性减弱，容易诱发褐腐病、干腐病、红蜘蛛等病虫害，要及时发现，合理用药，选择低毒高效的农药，避免使用浓度过高的农药引起药害。长期干旱的情况下，尽量少用或不用波尔多液，否则会加剧树体缺水。

5）果实套袋　高温、强光照易造成苹果发黄、皱缩和出现日灼现象，降低光合作用，影响果实产量和品质，可以采取果实套袋的方法避免强光直射，有效减少日灼的发生。但需注意的是套袋一定要选透气性好的，因为果袋虽然可以隔离强光，但会使袋内温度升高，导致热气灼伤果实，造成落果等。

3. 减灾

1）浇水、喷施清水　根据土壤墒情酌情灌水可改善果园小气候，为果树生长提供有益的环境条件。当气温达35℃以上，可于17时以后，向树冠喷水降温增湿，改善果园小气候，缓解高温和太阳直射对树体和果实的伤害。但要注意的是树冠喷水要在清晨和傍晚进行；浇水宜在下午或傍晚（小水勤浇）。

2）树盘培土、覆草　树盘培土，即对树盘周围进行培土，特别是对根系外露的树盘进行培土保湿，培土厚度10厘米左右。树盘覆盖，用绿肥、杂草、树叶、稻草等对树盘进行覆盖，距树干0.5米，厚度20厘米左右，表面覆少量的土，施少量氮肥。可以减少水分蒸发，减少径流，起到保水作用，还有利于降低地表温度，调节果园小气候。

3）叶面喷肥　叶面喷施最好在傍晚进行，可连续喷施0.2%～0.3%的磷酸二氢钾溶液和富含腐殖酸、海藻酸类的肥料。不但可以补充养分，还能给树体降温，降低夜间温度，减少呼吸强度，有利于果实糖分积累和着色。

4）加强修剪　疏除背上旺枝、徒长枝、竞争枝及挡光枝。对于郁闭果园，应适当加大修剪量，保证园内和树冠内部通风透光，同时减少水分、养分的消耗。剪除未老熟的新梢和过多的枝叶，同时剪除灼伤的叶片和日灼严重的果实，减少水分蒸发和蒸腾。同时注意对果树进行再次疏果，以调整果树负载量，减少养分水分消耗，促进根系发育，增强抗旱能力。

5）防治病虫害　持续的高温会造成螨类、蚜虫等害虫的暴发。靓果安加沃丰素喷雾，一方面可以提高叶片的叶绿素含量，增强光合作用，使其制造出更多的养分养树，提高树体的抗病抗逆能力；另一方面可使叶片、果实表光好，以抵抗高温、强光照；在高温、强光照的胁迫下，中草药制剂可开启植株的次生代谢，使其产生多种抗击灾害性天气的次生代谢产物，以抵抗高温、强光照的伤害。喷雾的过程中配大蒜油对其有触杀、趋避的作用，可有效减少虫害发生。

（七）鸟害

在苹果种植过程中，除了自然灾害外，鸟类也是危害苹果园的主要因素之一。苹果园鸟害主要是指由于鸟类取食、啄掉、啄伤果实造成减产或品质降低，而且被啄果实的伤口处有利于病菌繁殖，使许多正常的果实感病，同时春季鸟类还会啄食嫩芽、花瓣、花蕾等，踩坏嫁接枝条，这些都给苹果生产带来了较大的经济损失。

1. 鸟害发生的特点　苹果园中常见鸟类繁多，而且随着地区和季节的变化，其种类和种群结构也有所不同。根据多年的调查，在河南地区苹果园中活动的鸟类主要有麻雀、画眉、大嘴乌鸦、灰喜鹊、啄木鸟、斑鸠、云雀等。

在豫东黄河故道地区的调查中发现，早中晚熟品种中着色红、糖度高的品种受害明显，如华硕、国庆红、华佳、美八等。

树林旁、河湖旁、山林旁的苹果园为鸟类的栖息创造了良好的条件，因此鸟害十分严重。

不同时期鸟类活动规律不同。一年之中，鸟类活动最多的时节是在果实上色到成熟期；其次是发芽初期到开花期；而在幼果发育到上色之前，鸟类活动较少。一天当中，黎明后和傍晚前后是两个明显的鸟类活动高峰期，麻雀、画眉等以早晨活动较多，而灰喜鹊、大嘴乌鸦等傍晚前后活动频繁。鸟害严重地区，常常出现成群鸟类侵害苹果园的情况（图8-13）。

图8-13　果园鸟害

2. 鸟害的防护措施 在保护鸟类的前提下，防止或减轻鸟类活动对苹果生产的影响是防御鸟害的根本指导方针。

1）果实套袋 果实套袋是最为简单的一种防鸟方法。套袋栽培的苹果园鸟害程度明显较轻，同时也可防止病虫、农药等对果实的影响。但要注意选用质量好、坚韧性强的纸袋，若果袋质量较差容易被鸟啄破，同样导致果实外观受损。在一些鸟类较多的地区可用尼龙丝网袋进行套袋，这样不仅可以防止鸟害，而且不影响果实上色，但是成本相对较高。

2）架设防鸟网 标准矮砧集约栽培模式的苹果园均采用立架栽培，高度控制在 3.5 米左右。立架上铺设用尼龙丝制成的专用防鸟网，周边垂下地面并用土压实，以防鸟类从周边飞入。防鸟网的选择要注意网格大小适宜，能有效防止鸟类飞入。由于大部分鸟类对暗色分辨不清，因此尽量采用白色防鸟网，不宜用黑色或绿色的防鸟网。山区的果园最好采用黄色的防鸟网，平原地区采用红色的防鸟网，这是山区、平原的鸟最怕的两种颜色。在冰雹频发的地区，将防雹网和防鸟网结合设置，效果更佳。

3）使用驱鸟器 近两年国内有些地方开始使用由农业农村部信息化中心专家研制的智能语音驱鸟器（图 1-14），该系统以低功耗单片机为核心，采用最新数字语音存储技术，采集形成针对不同鸟类的声音芯片库，采用高性能的控制器，按照随机播放顺序、频率等方式播放高保真鸟类天敌猛禽类声音，实践表明，智能语音驱鸟系统可持续、有效实现果园、农田、鱼塘广域驱鸟。

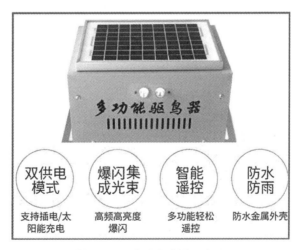

图 8-14　果园超声波驱鸟器

4）化学驱鸟　化学驱鸟是在果实上喷洒鸟类不愿啄食或感觉不舒服的生化物质，迫使鸟类飞到其他地方觅食，达到驱鸟效果。化学驱鸟目前已是一种常用的方法。现在登记注册的化学驱避剂已有几十种。氨茴酸甲酯是一种可以在众多农作物上使用的化学驱逐剂，由美国公司生产，美国在苹果、葡萄等果树上有应用，我国目前应用很少。由于鸟类适应性极强，长时间使用驱鸟效果不明显，且该方法会造成果品上的化学物质残留。

5）使用驱鸟剂　该产品为粉剂或水剂，主要成分为天然香料，利用生物工程研制而成，使用时用水稀释喷雾，雾滴黏附于被喷物体表面，可缓慢持久地释放出一种影响禽鸟中枢神经系统的清香气体，鸟雀闻后即会飞走，有效驱赶不伤害鸟类，而且该产品稀释液具生物降解性，绿色环保对人畜无害，在果园喷施后采集的样品经过农业农村部测试中心检测，完全符合国家无公害水果标准。

5）冲击波驱鸟　冲击波驱鸟器是集低音炮驱鸟技术、电子炮驱鸟技术、冲击波驱鸟技术、超声波驱鸟技术、集束强声等驱鸟技术设计的综合型驱鸟系统，核心特点是可形成固定区域的高声压范围，使鸟类进入之后耳膜无法承受而立即离开。

6）其他驱鸟方法　同时根据各地果农实际经验总结，在果园悬挂一些废旧光盘、红色小旗，也可以起到很好的驱赶效果。

3.减灾　对鸟害主要以防护为主。遭受鸟类危害的果园灾后要及时摘除啄伤的残次果。摘除的残次果可作为果汁、果醋加工原料出售。

参考文献：

［1］ 薛晓敏，路超，聂佩显，等 . 果树化学疏花疏果研究进展 [J]. 江西农业学报
2012，24（2）：52-57.

［2］ 韩立新，王红艳 . 苹果花期低温冻害防御措施 [J]. 现代园艺，2019 (01)：
72-73.

［3］ 聂佩显，王金政，路超，等 . 不同时期疏花疏果对红富士苹果花序坐果率和果
实品质的影响 [J]. 山东农业科学，2013，45（12）：27-29.

［4］ 魏倩倩，杨文权，韩明玉，等 . 白三叶返园对苹果园土壤微生物群落的影响 [J].
草业科学，2016，33（03）：385-392.

［5］ 薛晓敏，王金政，宋青芳，等 . 苹果鸟害及防控研究 [J]. 北方园艺，2010（09）：
228-229.

［6］ 曹克强，王爱茹，杨军玉，等 . 河北中部地区苹果、梨主要病虫害危害现状及
分析 [J]. 河北农业大学学报，1998（03）：45-49.

［7］ 任宏伟，王丽辉，高剑利，等 . 苹果疏花疏果技术要点 [J]. 农业科技通信，
2010（10）：216-217.

［8］ 宋雪霞，张颖，吴秋霞，等 . 苹果负载量的确定及疏花疏果技术 [J]. 农业科技
与信息，2015（17）：100-104.

［9］ 胡焕平 . 雨涝对果树生产的影响及应对措施 [J]. 北方果树，2014（02）：
38-43.

［10］ 王金政，薛晓敏 . 苹果优质花果管理与灾害防控技术 [D]. 济南：山东科学技
术出版社，2018.

［11］ 刘彩香，王建国 . 干旱对苹果生产的影响及预防措施 [J]. 中国园艺文摘，
2016，32（8）：196-197.

[12] 李尚玮，杨文权，赵冉，等. 果树行间生草对苹果园土壤肥力的影响 [J]. 草地学报，2016，24（04）：895-900.

[13] 焦润安，张舒涵，李毅，等. 生草影响果树生长发育及果园环境的研究进展 [J]. 果树学报，2017，34（12）：1610-1623.